御享

YUIINXIANG

一个适合全国茶区栽培的强势白化茶品种
一个适合多季生产高品位绿茶、红茶、黄茶、青茶的优秀白化茶品种
一个适合茶花饮品、食油原料、茶食资源、园林绿化应用的多用途白化茶品种

黄金韵

元 李德载

金芽嫩采枝头露 雪乳香浮塞上酥

世间奇茗谁家有 君听取 声价彻皇都

光照敏感型

GUANGZHAO MINGANXING
BAIHUACHA

白化茶

王开荣 李 明 梁月荣
吴 颖 张龙杰 韩 震
著

ZHEJIANG UNIVERSITY PRESS
浙江大学出版社

图书在版编目（CIP）数据

光照敏感型白化茶 / 王开荣等著. —杭州：浙江
大学出版社，2014.11
ISBN 978-7-308-13972-4

Ⅰ. ①光… Ⅱ. ①王… Ⅲ. ①茶树—栽培技术
Ⅳ. ①S571.1

中国版本图书馆 CIP 数据核字（2014）第 241439 号

光照敏感型白化茶

王开荣　李　明　梁月荣
吴　颖　张龙杰　韩　震　　著

策划编辑　阮海潮（ruanhc@zju.edu.cn）
责任编辑　阮海潮
封面设计　杭州林智广告有限公司
出版发行　浙江大学出版社
　　　　　（杭州市天目山路 148 号　邮政编码 310007）
　　　　　（网址：http://www.zjupress.com）
排　　版　杭州好友排版工作室
印　　刷　浙江印刷集团有限公司
开　　本　710mm×1000mm　1/16
印　　张　14.75
字　　数　272 千
版 印 次　2014 年 11 月第 1 版　2014 年 11 月第 1 次印刷
书　　号　ISBN 978-7-308-13972-4
定　　价　90.00 元

序

　　十年前,开荣撰写了我国第一部白化茶专著《珍稀白茶》,该书首次阐述了我国白化茶的历史轨迹、资源状况、生产技术、产业与文化发展策略,对当时白化茶的兴起与发展起到了一定的促进作用。今天,他与同道合著的《光照敏感型白化茶》一书又将付梓,我谨表祝贺。

　　这些年,开荣一直致力于白化茶种质资源的系统开发与研究,可以说是到了醉心其中的地步。功夫不负有心人,白化茶资源开发与产业发展中诸多悬而未决的科学问题和技术难题,随着研究的深入,一一得到解决。

　　记得在 2005 年春季宁波茶叶博览会上,黄金芽茶首次亮相时,人们对黄金芽的品质特色产生深厚兴趣的同时,对这一全新茶树品种并没有多少认知;当年《珍稀白茶》一书出版时,作者虽然初步提出了种质资源的变型、色系分类等概念,但对于白化变异而来的茶树种质资源尚无科学定名,而是沿用了传统的"白茶"、"珍稀白茶"等说法;至于白化遗传机理、不同色系的来源、品质差别成因等深层次的科学问题更是鲜有人触及。

　　而今天,经过开荣与他的团队十年来持续、系统的研究,白化一族的茶树种质资源不仅有了"白化茶"这一科学名称,而且,基于大量自主开发的白化变异种质实物样本研究,确立了白化茶种质资源的系统分类,比较清楚地解析了不同白化茶的白化遗传机理,并取得了白化茶新品种繁育及适合不同品种的特殊栽培、加工及综合利用等技术成果。其中,19 个白化基因登录到世界著名基因库,5 项国家专利得到授权和通过实审,6 个白化茶品种获得国家植物新品种证书授权,2 个品种获得省级良种认定,同时在国内外刊物发表了大量论文,为我市茶树良种资源的挖掘、开发利用作出了新的贡献。

　　根据作者的研究,现有白化茶可分三大变异类型、三大白化色系,分别是生态敏感型、生态不敏型、复合型和黄色系、白色系、复色系;其中三大变异类型下面又有不同的亚型和子型,而色系的组成也极为丰富多变。

　　按照这一分类体系,我国历史上的白化茶多数为白色系白化茶,史称"白茶"或"白叶茶",如宋代《东溪试茶录》记载的白茶;也有少数是复色系白化茶,如明朝时诞生的涌溪火青。今天,实现产业推广的白化茶主要是生态敏感型下属的低温敏感型和光照敏感型等两大亚型。其中低温敏感型白化茶品种有安吉的白叶 1 号和作者育成的千年雪、四明雪芽、瑞雪 1 号等品种，芽叶色泽主要表现为白色；光照敏感型白化茶则为我国几千年来茶叶发展史上诞生的一个全新茶树品种，唐朝诗人卢仝的《七碗茶歌》曾有"先春抽出黄金芽"的诗句，然而真正叶色呈黄色的茶树品种是在 1200 年后的今天，随着黄金芽茶的问世才算出现。

光照敏感型白化茶的芽叶色泽主要呈黄色，代表种为黄金芽茶。由于其黄色艳丽醒目、持续时间长，在茶树品种中别具一格，且茶叶适制性广，品质十分独特而优异。自问世以来，广受业界关注，为近十年来最火热的品种，已推广到了全国除海南、台湾以外的产茶省份。同时，作者又相继育成了御金香、黄金甲、醉金红等性状更为优良的品种，并在多茶类生产、园林绿化、食油原料、食品原料等领域应用上取得成功，开创了我国茶树种质资源彩色化和跨领域应用时代。

白化茶作为一个特殊的茶树种质资源类群，白化不仅决定了外观特征、内在品质的差异，也决定了其栽培适应性、加工适应性等差别。鉴此，作者为了让业界有比较系统的技术资料可循，在总结多年来创新研究成果和实践经验基础上，及时撰写了《光照敏感型白化茶》一书。全书图文并茂，对光照敏感型白化茶种质资源、育苗、栽培、管理、加工、品质、综合利用等内容的阐述十分新颖、详尽，创新性与操作性强，非常适用于茶业科技工作者与生产者借鉴参考。

衷心希望此书的出版能对我国白化茶产业发展起到良好的推动促进作用，希望我市白化茶研究更上一层楼。

魏国樑

2014 年 8 月

目　录

第一章　绪　论

导　语

　　白化茶作为一类珍稀茶树种质资源,在我国已有近千年开发利用历史。自 20 世纪末以来白叶 1 号的产业化推广,标志着白化茶千年重兴;而黄金芽的出现,则开启了白化茶种质资源开发、研究与利用的新时代。当前,光照敏感型白化茶的发展呈迅速上升态势。

一、白化茶史迹

　　白化茶(albino tea)是新梢生育过程中因叶绿素合成受阻、芽叶色泽呈白色或黄色等趋白色表现的茶树种质资源。按当前白化茶种质资源的白化芽叶色泽,区分为白色、黄色、复色等色系。而纵观史书,历史上的白化茶多数是指白叶茶,史称白茶或白叶茶,黄色等其他色泽的白化茶鲜有发现,所谓“黄金芽”,只是千年美誉而已。

　　“白茶”一说,首见于唐陆羽《茶经》所记:“永嘉图经,永嘉县东三百里有白茶山”。历代记载白茶(白化茶)资源的地方有浙江永嘉县(唐)、福建武夷山区(北宋、明)、浙江宁波市(北宋)、湖北远安县(南宋)、安徽泾县(明末)和安徽霍县(清后期)等。

　　北宋是我国历史上白茶发展的鼎峰时期,这个时期记载的全部是白叶茶。最著名的是宋徽宗赵佶的《大观茶论》:“白茶自为一种,与常茶不同。其条敷阐,其叶莹薄。崖林之间,偶然生出,虽非人力所可致。有者不过四五家,生者不过一二株。芽英不多,尤难蒸焙,汤火一失,则已变为常品。须制造精微,运度得宜,则表里昭彻,如玉之在璞,它茶无与伦也。”在其推崇下,时人对白茶可谓顶礼膜拜,白茶因此成为“天下第一茶品”。

　　明朝起白化茶有了白叶茶与非白叶茶的明确记载。明末清初,安徽泾县人刘金,外号罗汉先生,一天在弯头山发现一丛半边黄半边白的茶树,他把茶树嫩芽采下,创制了涌溪火青,当地人称白茶或叫金银茶,今天看来这是一种复色系白化茶;源于明朝福建武夷山的白鸡冠,新梢幼嫩芽叶色浅绿透黄,与浓绿老叶形成鲜明的两色层,白鸡冠由此得名,在清咸丰年间被推为武夷山四大名枞之一。该茶是唯一繁衍至今的白化茶,近年来种植规模呈扩大趋势。

在黄色茶树品种黄金芽茶出现之前，"黄金芽"一词只是对好茶赞美的千年传说。"黄金芽"首先出现于唐朝著名诗人卢仝《走笔谢孟谏议寄新茶》，也就是著名的《七碗茶歌》："天子须尝阳羡茶，百草不敢先开花。仁风暗结珠蓓蕾，先春抽出黄金芽。"宋宁波人吴潜《谢惠计院分饷新茶》也说："顾山仙人昙滞家，带春搜摘黄金芽。捣碎云英琢苍璧，旋泻玉瓷浮白花。"元朝李德载《喜春来·赠茶肆》："金芽嫩采枝头露，雪乳香浮塞上酥，我家奇品世间无。君听取，声价彻皇都。"元代茶人虞伯生在《游龙井》中写道："烹煮黄金芽，不取谷雨后。同来二三子，三咽不忍漱。"这些文人用"黄金芽"赞美好茶，犹似宋以后大量赞美白茶的诗文，根本不问茶的真实。最典型的当属明朝宁波人罗禀赞美白茶的语句，分不清是白毫茶还是白叶茶，错将碾茶当白茶（图1-1）。

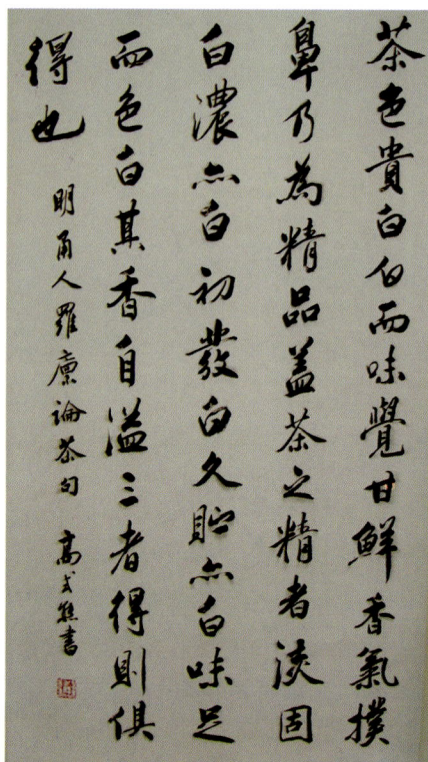

图1-1　明宁波人罗禀论白茶句

当代白化茶的复兴源于1980年浙江省安吉县发现的白叶1号，如今，全国栽培面积近百万亩，成为当今推广的优势品种。1998年，黄金芽在浙江省余姚市三七市镇石步村的群体种茶树上芽变诞生，该品种三季新梢和全年树色均呈金黄色泽，与常规茶树品种、白叶1号等白色系白化茶截然不同。2008年，黄金芽作为茶作、绿化良种，被认定为浙江省林木良种，现已推广到除西藏、海南、台湾等少数省份外的全国茶区种植，为当代白化茶资源开发起到了积极的示范作用。

二、白化茶资源分类

茶树种质资源就芽叶色泽而言，可分为三类。一类是绿色茶树，即常规品种，这类茶新梢或深绿、或淡绿、或淡黄，有些多毫品种及其加工的绿茶、白茶呈银白色泽，有些品种在一芽二叶前芽叶呈紫红色，但均在绿色色阶范围;一类是紫红色茶树,新梢均显紫红色,花青素含量较高,与绿叶明显不同,如紫娟等;另一类是白化茶树,因体内叶绿素、花青素含量均较少而芽叶色泽呈白色、黄色等趋白色泽。历代茶业因多种因素倾向于绿色茶树品种,导致其他两色树种稀有发展。

近年来白化茶资源开发表明,白化的变异类型、色泽及白化启动、形态、持白期等性状各不相同,白化表达十分丰富,已经形成一大特殊种质类群。

根据现有资源状况,白化茶分类以白化变异类型和白化色系为主要依据(图1-2)。而从资源开发的趋势看,以变型、色系为依据的分类方法有可能会随着新资源的发现而被修正。

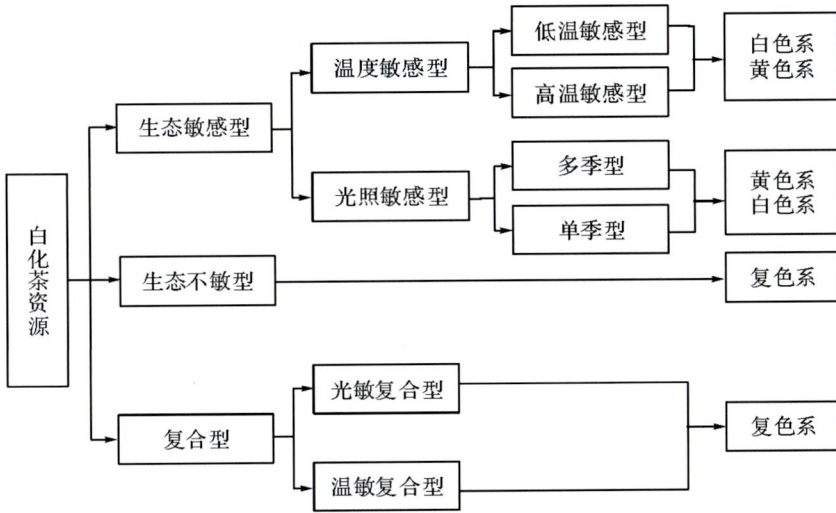

图 1-2　白化茶资源分类

(一)变异类型分类

按白化变异类型分为生态敏感型、生态不敏型和复合型等。

1. 生态敏感型

白化表达主要依赖于气候生态,而对土壤生态依赖居次,往往属于阶段性白化,它可分为温度敏感型和光照敏感型等两个亚型。

温度敏感型,简称温敏型,其白化主要决定于新梢生长阶段所处温度高低,有高温敏感型和低温敏感型两种。目前尚未发现具有应用价值的高温敏感型资源,开发利用的均为低温敏感型,简称低温型。低温敏感型白化茶新梢白化程度与温度呈负相关,即气温越低,白化程度越高,主要代表种有白叶1号、千年雪、瑞雪1号等。

光照敏感型,简称光敏型,其白化主要决定于新梢生长阶段光照强度的强弱,白化程度与光照强度呈正相关,即光照越强,白化程度越明显。有多季型和单季型之分。多季型指一年内有多季新梢呈白化,主要代表种有黄金芽及其多数家系品种、御金香等;单季型指一年内只有一季新梢呈白化,一般只在春梢表达白化,其他季节不明显。代表种有部分黄金芽家系种等。

2. 生态不敏型

新梢自萌芽起即出现白化特征,白化表现基本与外界生态无关,芽叶白化部分从萌展起至生命终止表现出同一状态,属于恒定性白化,即白者恒白、绿者恒绿。代表种有花月等。

3. 复合型

为生态敏感型和生态不敏型的复合变型。分为温敏复合型和光敏复合型等两个亚型。温敏复合型指茶树白化部位的一部分属低温敏感型变异,另一部分则表现为生态不敏型;光敏复合型指茶树白化部位的一部分属光照敏感型变异,另一部分则表现为生态不敏型,代表种有金玉缘等。

(二)白化色系分类

按芽、叶、茎的白化色泽分为白色系、黄色系、复色系等三大色系。

1. 白色系

新梢芽叶表现出单一的纯白色、近白色或乳黄色等色泽,芽叶色泽按白色程度分阶为:雪白、净白、玉白、乳黄、白透红、玉绿、浅绿等(图1-3),典型叶色为净白色,最大白化程度为雪白色。

图 1-3　白色系白化茶色系组成

历史上的白化茶多呈白色,故称"白叶茶",也称白茶,这类茶多属低温度敏感型变异,也有少量属其他变型(图1-4)。

图1-4 白色系白化茶芽叶特征

2. 黄色系

新梢芽叶表现出单一的金黄、浅黄或黄绿等色泽,芽叶色泽按黄色程度分阶为:黄泛白、金黄、黄色、浅黄、黄绿等,典型色泽为金黄叶色,最大白化程度时为黄泛白色(图1-5)。

图1-5 黄色系白化茶色系组成(上:春梢嫩叶,下:越冬成叶)

这类茶可称为"黄叶茶",多属光照敏感型,也有少量属其他变型(图1-6)。

图1-6 黄色系白化茶芽叶特征

3. 复色系

芽、叶、茎或花果表皮同时由绿色与白色、绿色与黄色、白色与黄色、白色与红色、黄色与红色或绿、白、黄、红等镶嵌组成的复色叶,也有季节性复色,即春梢呈白色,夏秋梢呈黄色。这类茶或称"花叶茶",多属生态不敏型或复合型变异,白化表现复杂(图1-7)。

图1-7 复色系白化茶不同复色形态特征

（三）其他性状分类

除变型、色泽外，白化茶分类还可依据白化启动、持白期、白化形态、返绿、白化残留、稳定性、劣质现象等白化特异性状进行分类。

1. 白化启动

白化启动指白化所属色系开始表达的部位，有芽白型和叶白型的区别。芽白型是指芽叶萌展即表现出白化特征，叶白型是指展叶到一定程度时才表现出白化。黄色系、白色系白化茶多数属于芽白型种，部分为叶白型种，而复色系白化茶多数是叶白型种，部分为芽白型种。

2. 持白期

持白期或称白化期，指维持白化状态的时间，分阶段性与恒定性等两种。阶段性指芽叶在某一萌展时段生态合适时表现出白化，以后随着芽叶萌展和生态条件改变而返绿。生态敏感型变异种往往具有阶段性白化的特点，其中低温敏感型种的阶段性更为明确，光照敏感型种往往不明确。而恒定性指产生白化后就不再返绿，直至叶片的生命周期结束，生态不敏型种多属恒定性白化。

3. 白化形态

分规则性白化与非规则性白化。规则性白化是指芽叶色泽呈均匀的单色或相对固定在同一位置的复色；非规则性白化则表现为白化色块不稳定，或全白枝、全绿枝混生，或全白叶、全绿叶混生，或一叶中表现出白色、绿色相间。

生态敏感型白化往往表现出单一色系，即芽、叶、茎表现出同一色泽，因此属于规则性白化；复合型、生态不敏型的白化色泽由复色组成，白化形态有规则性和非规则性之分；而生态不敏型复色系白化有规则性（图1-8左）和不规则性（图1-8右）之分，后者往往不能固定其白化形态与白化部位。

4. 返绿

白化芽叶随着生长和生态条件的变化，体内叶绿素合成并积累到一定程度，使白化叶转化到正常绿色的过程。图1-9所示植株从新梢中部向下逐渐变绿。

5. 白化残留

白化残留指白化芽叶返绿后，叶片上仍有少量残存的白化痕迹。白化残留是返绿期甄别不同品种的重要依据。图1-10上排是光照敏感型白化茶不同种质的白化残留，右起1、2分别是黄金芽和御金香，右3起为黄金芽家系种质；下排是低温敏感型白化茶不同种质的白化残留，右起1、2、3分别

图 1-8　白叶 1 号芽变后代不同白化形态

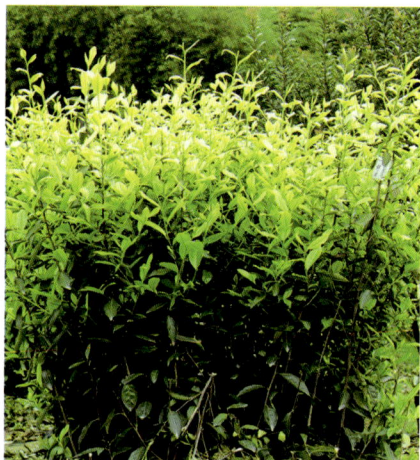

图 1-9　御金香由上至下返绿形态

是白叶 1 号、四明雪芽和千年雪，右 4 起为四明雪芽和千年雪的家系种质，图中所示，白化残留的形态各有不同。

6. 白化稳定性

白化稳定性是指该植株及其营养繁殖后代的白化部位（包括芽、叶、枝）在季相、年间表现的一致性。规则性白化种大多有着这种稳定性，而不规则性白化种往往不能固定，甚至会出现整个植株白化因子的丧失，从而难以

图1-10　上排：黄色系白化茶白化残留；下排：白色系白化茶白化残留

获得理想的栽培和繁育结果。因此，对于复色系白化种来说，白化稳定性是品种选育的关键。

7. 劣质现象及生理障碍

劣质现象指高度白化芽叶难以承受外界生态变化导致的生理胁迫，出现生长发育受阻或机体损伤等现象。低温敏感型白化茶表现为新梢茎徒长、芽叶畸化、返绿受阻、生理脆弱等，而其他变型则多表现为生理脆弱、返绿受阻等生理障碍。

三、光照敏感型白化茶

光照敏感型白化茶，简称光敏型白化茶，它的典型外观特征是黄色，因此白化也可称为"黄化"，茶树可称为"黄叶茶"。

自黄金芽推广以来，光照敏感型白化茶资源的开发、系统研究和利用进程明显加快，特别是宁波市、余姚市对本土白化茶研究的重点支持，有力地促进了白化茶资源分类、白化机理研究、新品种选育、产业化技术开发等方面的进步。

（一）种质资源

迄今为止，浙江、云南、四川等地均发现了光照敏感型白化茶资源，发现频率似有高过低温敏感型白化茶种的趋势。浙江省余姚市是最早发现这一资源的地方，也是目前资源拥有量最多、研究水平相对领先的区域，资源开发已经进入有系统目标的育种阶段。该市现有光照敏感型白化茶资源包括黄金芽、御金香、四明黄等自然变异种及其家系种数十种,其中黄金芽、御金香已进入产业化推广阶段,部分家系后代也将陆续推向产业化。

研究发现,以黄金芽、御金香、白叶1号等为亲本,通过自然变异、诱导变异和杂交等手段开发的种质,变异状况变得更为丰富、复杂。

以黄金芽为骨干的家系品种来源于芽变、自然种子后代和人工杂交后代,变型从光照敏感型扩展到生态不敏感型、复合型,色系从黄色扩展到复色(图1-11)。

图1-11　黄金芽(右1)及家系种质的叶色变异

以白叶1号为亲本,同样能获得三大变型、三大色系的后代。其中一个明显的倾向是,黄色系种质较其他色系更易获得。图1-12是白叶1号家系种质,图中左1是通过种子获得的黄色变异,其余是通过芽变获得的复色变异株系。

图1-12　白叶1号为亲本的家系种质

(二)白化机理

目前,光照敏感型白化茶的白化机理研究在分子学、细胞组织学、生化学和生态学等层面已有初步结果,但尚有许多方面需要进一步探索。

1. 分子学研究

特异 RAPD 分子标记结果表明,4 个供试样品之间的遗传距离为 0.2000～0.3016,其中,黄金芽和御金香在 DNA 水平上差异最大,遗传距离为 0.3016;黄金芽与白叶 1 号的遗传距离最小,遗传距离均为 0.2000 (表 1-1)。这说明这些品种资源分别属于不同的遗传类型,主要性状的表现差异是由遗传基础造成的,并非环境条件引起。

表 1-1　不同茶树种质资源间遗传距离分析结果

	黄金芽	安吉白茶	福鼎白毫	金光	御金香
黄金芽	0				
安吉白茶	0.2000	0			
福鼎白毫	0.2385	0.2676	0		
御金香	0.3016	0.29358	0.2657	0.2929	0

将三年生黄金芽茶用 50%遮阴网遮阴、不遮阴处理 10 天后,与福鼎白毫对照,进行基因表达谱研究。结果表明,两者符合比对的碱基数占总碱基数的比例达 99%以上,黄金芽与福鼎白毫的基因之间存在 1/3 左右的碱基变异(表 1-2)。

表 1-2　片段读取数(Reads)比对的百分比统计结果(%)

样本 (Sample)	Total Reads	Mapped Reads	Perfect Mapped Reads	Mismatched Reads	Indel Reads	Indel and Mismatched Reads
不遮阴	100	89.04	63.49	29.62	3.40	3.49
遮阴	100	85.83	63.02	29.72	3.50	3.76

表中,Total Reads:测序总读取数;

　　Mapped Reads:可比对的读取数;

　　Perfect Mapped Reads:完美比对到参考基因组的读取数;

　　Mismatch Reads:含有不匹配碱基的读取数;

　　Indel Reads:含有"插入/缺失"(Indel)的读取数;

　　Indel and Mismatched Reads:既含有不匹配碱基,又有"插入/缺失"的比对读取数。

基因表达差异数研究结果(表 1-3),2 个黄金芽样品筛选得到差异基因 1392 个。以不遮阴处理为对照,遮阴后,表达上调基因 902 个,表达下调基因 490 个;其中 214 个基因在遮阴处理时有表达,在不遮阴处理无表达;而 72 个基因在不遮阴时有表达,但遮阴时无表达。说明在夏日高温强光照条件下,黄金芽茶树许多基因表达受到抑制,而进行适当遮阴处理,可以促进基因表达。

表 1-3　差异表达基因数

处理	表达差异基因	表达上调基因	表达下调基因	无表达基因
不遮阴	1392	490	902	214
遮阴	1392	902	490	72

　　研究发现,夏季强光照条件下表达受到完全抑制的主要基因涉及蔗糖和氨基酸转运、核糖体失活、光诱导蛋白、糖结合蛋白、肽链内切酶抑制等功能;在遮阴条件下表达受到完全抑制的基因有茶树查耳酮合成酶基因 3(CHS3)等;在强光照条件下有强烈表达、在遮阴条件下表达受到部分抑制的基因包括:叶绿素 A/B 结合蛋白基因、富脯氨酸蛋白基因、DNA-依赖转录调节基因、茶树查耳酮合成酶基因 1(CHS1)和类囊体可溶性磷蛋白 TSP9 等;而更多的是在遮阴条件下的表达、强光下受到部分抑制的基因,涉及逆境相关的脱水素基因、休眠植物生长素基因、茎特异蛋白基因、热激蛋白基因、光合系统Ⅱ亚基 R 基因、肌醇加氧酶、金属离子结合蛋白基因和氨基酸合成酶基因等。

　　在无遮阴条件下,控制脱落酸(ABA)合成代谢的关键酶 9-顺式-环氧类胡萝卜素双加氧酶(NCED)表达强度显著提高、脱落酸脱氢酶(CYP707A1)表达强度降低,导致黄金芽茶树光致氧化作用强烈,ABA 的生物合成会加强、累积量提高;调节茶树儿茶素类生物合成的关键酶光诱导蛋白(CPRF2)基因表达受到抑制,导致另一个关键酶查耳酮合成酶(CHS)基因表达失调,从而影响儿茶素合成;调控叶绿体的早期光诱导蛋白(ELIP)表达增强,导致黄金芽茶树叶片产生光氧化现象,促进叶绿体-色素母细胞转换而使叶片呈现黄色;高等植物光合系统基因(LHCB)强烈表达,可能是光保护的一种反应;具有致病原生长和抗枯萎病作用的晚期枯萎病抗性蛋白(R1B-23)表达上调,成为导致强光下叶片局部枯萎的可能原因之一。

　　在遮阴条件下,光信号传导蛋白相关基因表达增强,说明黄金芽茶树通过增强光信号传达能力以达到在弱光条件下维持较强的光合作用能力。

　　2. 细胞组织学研究

　　在夏季自然强光直射时,黄金芽叶片部分细胞出现胞膜与胞壁分离,叶绿体结构呈现外形扭曲,叶绿体离壁生长,排列不规则;叶绿体内部膜系统发育不完善,类囊体片层结构扭曲、结构紊乱、排列不整齐(图 1-13)。叶绿体结构和发育的异常导致其叶绿素生物合成受阻,叶绿素含量降低;适度遮阴可以改善叶绿体的发育,维持正常生长和代谢活动。

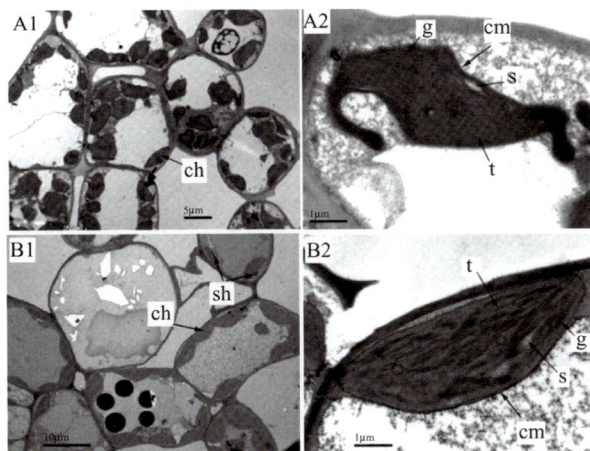

图 1-13　遮阴处理对"黄金芽"叶片超微结构的影响

A1 和 A2:夏日不遮阴叶片结构;B1 和 B2:夏日遮阴后叶片结构;ch:叶绿体;g:叶绿体基粒;
s:叶绿体基质;t:类囊体;sh:淀粉粒;cm:叶绿体膜

3. 生物化学研究

经遮阴后,黄金芽叶片叶绿素 a、叶绿素 b 的含量都有大幅度增加,均为未遮阴的 4.03 倍;叶绿素 a/b 比例无明显变化;新黄质、紫黄质、叶黄素和 β-胡萝卜素的含量也有所增加,其中叶黄素和 β-胡萝卜素增幅达到 1 倍以上(表 1-4)。

表 1-4　遮阴对黄金芽叶片色素含量的影响(μg/g 鲜重)

色素(μg/g)	不遮阴	遮阴
新黄质	4.48±0.52	10.99±1.06
紫黄质	18.75±3.02	24.62±3.05
叶黄素	54.64±0.08	110.44±8.22
β-胡萝卜素	67.70±0.26	151.34±9.50
叶绿素 b	34.22±0.75	138.18±5.28
叶绿素 a	166.05±8.21	669.16±4.31
叶绿素 a+b	200.27±8.96	807.34±9.59
叶绿素 a/b	4.85	4.84

御金香在夏日强光条件下进行遮阴处理后,氨基酸含量明显低于不遮阴处理;但平阳特早的氨基酸含量在遮阴处理后明显上升。该结果与前述基因表达研究结果一致,光照敏感型白化茶在强光下影响氨基酸转运因子

13

的相关基因表达受到抑制，氨基酸在叶片细胞累积增强和含量水平提高（表1-5）。

表1-5 不同品种遮阴处理的氨基酸含量比较

供试品种	郁金香		平阳特早	
	未遮阴	遮阴后	未遮阴	遮阴后
总量(mg/100g)	743.26	598.60	276.33	301.79

4. 生态学研究

光照敏感型白化茶新梢白化与光照强度呈正相关，而与光质相关性较小。新梢芽体、叶片黄色白化的光照强度阈值分别约为1.5万lx和2.5万～3万lx；达到黄色或金黄色的光照强度范围：黄金芽家系为2.5万～6万lx，御金香为3万～8万lx；光照强度在6万lx以上时，黄金芽芽体出现红色芽（主要在二、三轮梢），叶片转黄泛白色，并容易出现叶片灼伤等劣质现象；御金香则在8万lx以上时秋梢转黄泛白色。

对黄金芽、御金香等进行不透明、半透明、透明材料的叶面贴片试验结果表明，透明度越低，白化叶返绿速度越快（图1-14）；黄、绿、红、蓝等半透明膜贴片试验结果表明，白化、返绿只与光照强度有关，而与光质无关。

图1-14 采用黑胶布叶面贴片三天后黄金芽叶色变化

（三）品种特色

金黄色泽是光照敏感型白化茶的鲜明种质特色。黄色程度不明显的品种，就丧失了开发意义。

多数种质白化表现最为明显的是春梢，单季型种往往仅在春季白化；白化期因品种不同，单季型种往往在当季返绿，而多季型种取决于合理光照强

14

度的持续。黄金芽、御金香等多季型种的晚秋梢,白化能持续两个季节以上,甚至第二年春茶结束后依然保持靓丽黄色,因此出现茶园周年"金色满园"的状态,这就决定了其在茶作栽培和园林绿化领域应用的更高价值。

光照敏感型白化茶具有较广的适制性,黄色鲜叶和绿茶工艺采制的茶叶具有干茶、汤色、叶底等"三黄"特征,完全不同于绿茶"清汤绿叶"的风格;以黄茶工艺采制的产品比常规绿色茶树采制的黄茶更符合"黄汤黄叶"风格;而御金香白化鲜叶采制的轻发酵乌龙茶也有别于传统轻发酵乌龙茶的品质风格。

与低温敏感型白化茶一样,光照敏感型白化茶品质和价值优势在于高氨基酸成分。一定程度上,白化茶鲜叶越黄,氨基酸含量越高,鲜醇味突出,感官品质越好。多年跟踪检测分析结果表明,黄金芽、御金香等品种春茶氨基酸含量在 4%~10% 范围内,御金香秋茶最高达 5.2%,黄金芽夏茶最高达 5.6%,夏秋茶高氨基酸含量特点使得这类茶树在夏秋茶开发和南方高温区域生产优质绿茶更具意义。

(四) 产业前景

以白叶 1 号为代表的低温敏感型白化茶是当前白化茶产业化的主角,但以黄金芽、御金香为代表的光照敏感型白化茶发展势头迅猛,大有后来居上态势。光照敏感型白化茶优势在于:

1. 茶作栽培三大优势

首先,光照敏感型白化茶不受积温限制,适合于全国广大区域栽培,尤其在南方高温茶区,可望成为推动绿茶优质化、替代低温敏感型白化茶的主流品种;其次,比低温敏感型白化茶具有更广的适制性,感官品质更有特色;再次,突破季节对品质的限制,成为夏秋茶优质化生产的中坚力量。

2. 园林应用色彩靓丽

光照敏感型白化茶的黄色特征,将跨越传统茶作栽培到园林绿化领域应用。作为低层绿化、色块树种、景观植物,给绿化区域带来异样美丽色彩,尤其是茶主题公园绿化和色彩茶园,能更好演绎茶经营理念。

3. 综合开发前景看好

多花或多果的品种特性决定了其花饮产品开发、生物质能量利用的价值。茶树花是当前法定认可的新食品资源,茶花饮品作为时尚饮品的市场容量不断上升;茶油是仅次于橄榄油的优质油品,产业对茶籽油的重视程度越来越高,而氨基酸含量高、滋味鲜醇的特点,引起了人们利用幼嫩芽叶、花果在时尚食材资源方面的开发兴趣。在人口不断膨大、生活要求多元、资源存量下降的社会背景中,黄色白化茶的潜在价值将更加显现。

但是,在光照敏感型白化茶资源开发和产业化进程中,也存在一些值得审慎的问题:

一是资源性状问题。首先光照敏感型黄色系白化茶必须有足够的黄色,黄色不足就失去产业意义;仅有黄色外观,而无优异内质,只能适用于绿化,不适用于茶产业;而内外品质虽优,综合性状欠佳,技术手段无法调控,也不适宜产业应用。由于茶树种质产业化开发耗时长,必须采取慎重态度,否则往往带来重大经济损失。

二是品种区域适应性问题,同为光照敏感型品种,由于对生态要求反应不一,如果盲目发展,将达不到理想的栽培效果,无法实现良好的经济效益。

三是新品种引种和推广必须做到品种与栽培目的、技术手段相配套,才能取得理想的产业化经营目标。

第二章 种质资源

光照敏感型白化茶是一类全新的茶树种质资源。一般来说，在生长季节，光照越强，白化芽叶色泽越黄，茶叶品质越佳，但不同种质的白化性状及其品质有很大差别，并非所有芽叶呈黄色的茶树都具优异品质。黄叶茶不仅是茶栽培的崭新特色资源，也是茶树向园林绿化应用的重要树种。

第一节 黄金芽

黄金芽由余姚市德氏家茶场（现为宁波黄金韵茶业科技有限公司）于1998年在当地群体种茶园中发现的自然芽经变株、扦插繁育而来。2006年黄金芽培育被列入余姚市重大科技攻关项目研究内容。黄金芽于2008年被浙江省林木品种委员会认定为省级良种，现被引种推广到浙江、江苏、四川、山东等大多数省份，成为第一个实现产业化的黄色茶品种，业界影响广泛（图2-1）。

图 2-1 黄金芽茶母树

一、白化特性

光照敏感型黄色系白化茶,多季型、芽白型、阶段性白化,白化形态规则、稳定。黄色白化与光照强度相关性极高。在合适光照条件下,三季新梢和周年树色均呈靓丽的金黄色泽,十分美观。

1. 白化形态

根据光照强度不同,芽叶色泽可分为浅绿、浅黄、黄色、金黄、黄泛白等色阶(图 2-2);芽叶色泽均匀一致,返绿同步进行;未完全返绿叶片会出现白化残留形态。

图 2-2　黄金芽春梢黄化芽叶不同色泽程度

2. 白化、返绿规律

黄金芽茶春、夏、秋三季新梢白化表现基本一致,白化程度完全依赖于光照强度,而与光质相关性较小。新梢生长过程中,光照越强,白化程度越高。新梢芽体在光照强度1.5万 lx 时呈黄色白化,光照达到 6 万 lx 时出现红色芽(主要出现在二、三轮梢);叶片在 2.5 万 lx 时呈浅黄色,在 2.5 万~6 万 lx 时呈黄色或金黄色,6 万 lx 以上转黄泛白色;当光照合适时,一叶展即可达到最大白化(黄化)程度(色度 110C～123C,潘东比色卡,下同)。白化可维持2～3个季节,秋梢黄色能维持至第二年春茶后,茶园因此保持全年黄色特征。

芽叶体内叶绿素等呈色物质随白化程度增加而发生巨幅变动,黄泛白色叶的叶绿素含量不足深绿色叶的十分之一,其中叶绿素 b 接近于零,类胡萝卜素也为深绿色叶的六分之一(表 2-1)。

无论是自然栽培还是人工调节,当光照为全日照的一半左右时,茶树白化程度大幅下降,树势则明显优化。

表 2-1 黄金芽不同叶色感官色泽与色差、叶绿素等变化情况

感官叶色	潘东色卡	色差值					叶绿素(μg/g)			类胡萝卜素(μg/g)
		L*	a*	b*	C*	h	总量	叶绿素 a	叶绿素 b	
黄白色	123C	701	−2.6	49.8	49.8	93.2	20.8	20.6	0.13	106.3
金黄色	117C	62	−9.8	50.9	51.5	101.1	82.2	77.2	5.0	221.8
黄色	103C	51	−14.4	37.6	40.3	111.1	276.6	251.8	24.9	334.8
黄绿色	398C	42	−15.6	25.3	29.7	121.8	648.8	571.6	77.2	375.1
绿色	377C	45	−15.0	27.1	30.9	119.1	1411.9	1159.8	252.1	392.2
深绿色	371C	36.8	−11.4	17.4	20.8	123.4	2723.1	2086.8	636.3	640.3

在年周期中,光照强度变化对黄金芽新梢白化影响十分明显。各轮新梢萌展即呈黄色白化表现,在光照良好时一直维持黄色状态,但若遇阴雨连绵,叶色白化不显或很快转绿;在浙江省,一般梅季多雨多阴,叶色往往呈浅黄、浅绿色,其他季节多呈金黄色泽,9 月后,秋高气爽时节,叶片达到最大黄色程度,构成"黄金满园"奇特景观。

在生命周期中,树体大小构成受光率高低,导致树色差别明显。一、二龄茶园,往往叶面积指数小、树间郁闭度小,全株整体呈黄色,而三龄后茶园达到较高覆盖率和叶面积指数后,树体下部叶光照量大幅减少,从而形成树体上部黄色、下部绿色的现象。

黄金芽茶黄化容易,返绿也容易。图 2-3 对黄金芽白化叶片采取贴黑胶带、透明胶带、加白纸透明胶带和自然光等四种处理,结果表明,三天后,黑胶带贴片叶完全返绿,加白纸透明带居次,无纸透明带在光照增强后出现白化逆转。

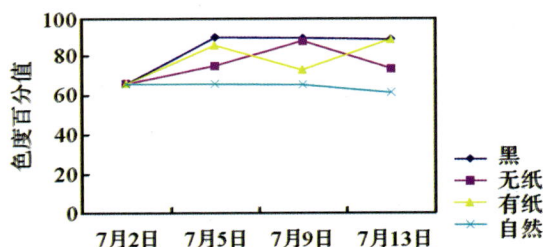

图 2-3 黄金芽白化叶贴片去光试验结果

不能完全返绿的叶片会出现白化残留、先端叶缘增厚现象(图 2-4)。进入深秋后,这一现象更加明显。

3. 劣质现象

黄金芽劣质现象主要表现光照过强所造成的新梢日灼损伤等生理

19

图 2-4　未完全返绿叶叶缘增厚现象

障碍。

一是新梢日灼损伤。主要发生在 4—8 月间的一、二年生幼龄茶树和夏秋高温干旱季的成龄茶园,水分供应不足会加剧损伤。在浙江地区,4 月下旬幼龄茶树萌展一芽三、四叶时,遇 25℃ 以上气温的连续晴天,会出现叶缘枯焦、叶片脱落、新梢枯萎、全株死亡等不同程度损伤。叶缘枯焦、叶片脱落后采用遮阴等去光措施,新芽能继续维持正常萌展(图 2-5)。

图 2-5　幼嫩新梢日灼损伤及自我修复

二是树势减退。新梢成熟前虽然没有受到日灼损伤,但在后续生长中因光照过强或肥水供应不足,会造成树体矮小,叶片变小,发育不良,形成小老树。如图 2-6 所示,黄金芽成熟叶片长度 4cm,仅为正常的一半左右。

三是白化成叶抗逆下降。主要表现在秋季进入休眠期后,遭遇持续干旱或冬季严寒时,高度白化成熟叶片出现叶片失水枯焦、脱落甚至上端枝梢死亡的现象。若叶片部分枯焦而不脱落,翌年春茶生产基本不受影响,而叶片脱落成光杆或枝梢死亡时,对翌年春茶生产影响明显(图2-7)。

图2-6 黄金芽叶片缩小形态

图2-7 高度白化叶受冻枯焦状

二、生物学特性

1. 形态特征

灌木型,树体半开张,树势中等,分枝密度中等,蓄养枝梢长而匀称。

小叶类,长椭圆形叶,6.5～7.4cm×2.4～3.0cm,叶面平,叶质软,叶缘波折,锯齿锐而密,叶基楔形,叶尖渐尖、长而侧扭,返绿叶色绿、有光泽,越冬黄化叶有白化残留。

芽体中等偏小,少毫,数量型品种。一芽一叶芽长2.8～3.2cm,百芽重7～10g;一芽二叶芽长3.8～4.2cm,百芽重16～20g;一芽三叶芽长4.5～5.2cm,百芽重30～32g。

2. 物候期

中生种。年活动积温5000℃区域,一芽一叶初展期在3月下旬,较白叶1号早4～5天(表2-2);一芽二叶初展期在4月上旬;秋梢驻芽期在10月中下旬,开花期10月中旬至12月,盛花期11月初,较白叶1号迟一周左右。

表2-2 2013年不同气候带黄金芽、白叶1号一芽一叶物候期

生长区域	年活动积温(℃)	黄金芽	白叶1号
江西省樟树市店下镇	5500	3月8日	3月12日
浙江省宁波市镇海区九龙湖镇	5300	3月19日	3月23日
浙江省余姚市三七市镇	5000	3月26日	3月31日

3. 新梢生育特性

萌芽能力超强,芽头密集;立体栽培时,新梢同步萌展现象明显,茶芽发育一致;伸展能力较强,枝梢上下端粗度较为匀称。

春梢第一轮采摘十余天后,茶芽采摘留存的鳞片、鱼叶的腋间能萌展出下一轮茶芽,甚至二、三轮茶同时萌展。芽体稍显瘦小,感官品质不亚于第一批茶(图2-8)。这样黄金芽春茶的采摘期可延续到5月中旬甚至更迟,采期长达2个月以上。

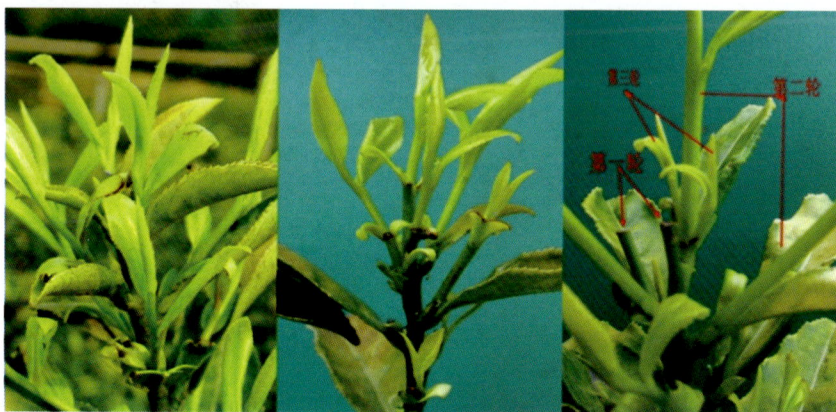

图2-8　黄金芽春梢头轮新芽(左)、二轮新梢(中)、二三轮同时萌展(右)情况

成龄茶树春后修剪、持续蓄梢到秋后,枝梢长度一般可达到60cm以上。

对茶树来说,春梢、二轮梢是孕蕾开花的部位,当其发育旺盛时,往往会加剧孕蕾开花,从而制约三、四轮新梢的发育,影响翌年生产枝层的形成。但黄金芽茶在良好树势下,四、五轮梢萌展能力特强。9月初萌芽的秋梢,至秋后枝梢长度也可达60cm以上,超过多季蓄养的枝梢长度(图2-9)。因此在黄金芽茶作栽培时,强化秋梢生长、促进无花枝梢层形成显得十分重要。

4. 抗逆性

抗逆性与白化程度、树体状况相关密切。总体上,完全返绿叶抗逆性与常规品种无异,白化芽叶抗逆性很弱;健壮成龄茶树抗逆性强,幼龄茶树抗逆性弱。未成熟白化芽叶抗日灼能力弱,成熟后高度白化叶抗干旱、抗冻能力脆弱,但叶缘增厚的白化叶抗逆能力良好。冬季因干旱、受冻致枯的未脱落叶片往往会产生类似炭疽病的现象(图2-10)。

图 2-9　9月初萌发的枝梢秋后树势

图 2-10　冬季受冻致枯叶感病症状

5. 繁育性能

易孕蕾开花,但不易结实;开花迟,多数花蕾在开放前往往遭遇冰冻而枯萎死亡,少数花蕊冻死而花苞可遗留至春节后;种子后代白化性状遗传性差,只有少量种子苗保持其返白现象。短穗扦插繁殖容易、成活率高,茶苗长势明显好于白叶1号(表2-3)。

表 2-3　白化茶一年生扦插苗生育势测定(单位:cm)

	2004 年苗势		2005 年苗势		两年平均苗势	
	地茎粗度	高度	地茎粗度	高度	地茎粗度	高度
白叶1号	0.28	21.6	0.26	29.5	0.27	25.6
黄金芽	0.31	37.6	0.32	45.1	0.31	41.4

三、经济学特性

1. 肥水要求

肥力,包括土壤和营养供给状况,不是黄金芽茶白化的决定因素,只要光照合适,即使大量使用速效氮肥,照样能保持良好的白化;黄金芽对肥力需求与常规茶树比较,也没有太大区别,但适当多施氮肥有利于新梢生长并抵制花苗孕育;水分供应充足有否,对黄金芽生长发育影响十分明显,尤其是高温干旱季节,充足水分能增强白化叶抗逆和返绿能力。

2. 产量性状

黄金芽属于数量型、高产稳产品种。首先表现在其强劲的萌芽能力,其次无论是春茶还是夏秋茶,均有白化带来的良好品质,这就决定了其优质高产能力远非白叶 1 号等低温敏感型白化茶和单季型同类茶树品种可比。江、浙、赣等五省试验结果,亩栽 5000 株茶苗的双条栽茶园,一年生茶园春茶产量(一芽一叶标准)在 0.5～0.9kg,二至四年生平均亩产分别为3.55kg、7.5kg、8.5kg,五足龄后,茶园亩产干茶可高达 15kg;余姚德氏家茶场大面积成龄茶园(6～12 年)连续多年记录,亩产干茶稳定在 10kg 以上,最高亩产(七年生茶园)达到 17.3kg。

3. 加工性能

适制名优绿茶、红茶、黄茶。

采制绿茶时,从干茶外形美观度分析,一芽一叶以上嫩度的鲜叶,适制扁形茶、条形茶、针形茶和卷曲茶,而蟠曲茶成形较为困难;一芽一叶以下嫩度的鲜叶,则适制蟠曲茶。从色泽上看,鲜叶越黄,越不利于扁形茶加工,通过揉捻后条索扭曲的卷曲茶、蟠曲茶色泽反而显得鲜活。春茶前期一叶初展前芽叶往往白化不充分,呈浅绿色或浅黄色,加工品质不是十分理想,因此不提倡前期茶芽鲜叶采摘过嫩。

以黄金芽采制工夫红茶,条索成形容易,发酵性能良好,在发酵到位前提下,叶底仍能偶见鲜叶黄色特征;采制黄茶时,黄色特征比常规品种采制的黄茶更富典型风格。

4. 品质特性

同季内,鲜叶色泽越黄,品质优势相对突出。绿茶色泽以"三黄"为典型风格,即干茶亮黄、汤色嫩黄、叶底玉黄,其中春茶为亮绿显黄,夏、秋茶为纯黄亮丽,黄色程度明显超过春茶;清香型工艺的茶瓜果韵明显、持久,重炒型茶香气浓郁、悠长;滋味以醇、糯、鲜为主。

红茶品质特色是,干茶乌润显红、汤色红亮、叶底红亮色,甜香浓郁,滋味醇、鲜、回甘。

黄茶感官品质色泽"三黄"突出，即干茶金黄、汤色橙黄、叶底玉黄，香气甜柔、浓郁，滋味醇厚、回味甘鲜。

生化品质属于高氨基酸、低茶多酚特征，氨基酸含量波动范围大。原产地历年检测统计，春茶氨基酸含量大于4.0%，最高7.0%，二轮茶氨基酸含量4.7%～5.6%；引种到江苏后，氨基酸含量明显高于原产地，江苏溧阳产的氨基酸含量高达9.8%～7.3%。这说明黄金芽同样具有我国绿茶区域品质规律(表2-4)。

表2-4　黄金芽茶生化成分检测结果

产地	生产日期	水浸出物(%)	氨基酸(%)	茶多酚(%)	咖啡碱(%)
浙江余姚	20040417	41.5	7.0	20.4	3.5
浙江余姚	20090411	46.6	5.1	22.4	3.4
	20090530	46.1	5.6	25.7	3.5
浙江奉化	20120420	43.6	7.0	12.4	3.7
	20120520	44.0	4.7	15	3.9
江苏镇江	20090401	48.1	6.6	25.9	2.9
江苏溧阳	20110417	未测	7.3～9.8	18～18.8	未测

四、品种提示

1. 光照敏感型黄色系白化茶品种，建议在年活动积温大于4200℃区域的光照相对较小、水分供应充足、土壤深厚、东北向山区谷地、台地宜茶土壤种植，小于4200℃的区域采取越冬保护栽培。

2. 未封行茶园宜在4—8月采取人工遮阴、套种冬季落叶乔木等减光保护栽培，控制白化度；茶作栽培时，立体采摘茶园树冠模式为宜，建议培育秋梢为翌年生产枝层。

3. 适制绿茶、红茶、黄茶，应避免采摘过嫩鲜叶；适宜多季生产、茶花饮品、食材利用和园林绿化应用。

第二节　御金香

2002年秋，发现于余姚市德氏家茶场黄金芽原株的同一茶园中。该茶树系种子变异的光照敏感型黄色系白化茶种，据此推算，树龄比黄金芽诞生早20余年。与黄金芽不同,御金香原株只在春、秋两季新梢表达出黄色白化特征,夏梢、冬叶则呈常规绿色;经过多年驯化,御金香黄色白化持续期明显延长,综合性状渐趋优秀。该品种2010年列入宁波市重大科技攻关研究项目,2013年获得国家林业植物新品种权保护,现已进入产业化推广阶段。御金香树势强盛、抗逆能力强,适宜于全国广大区域栽培,适制绿茶、红茶、黄茶、铁观音茶,是替代黄金芽或与其搭配栽培的优势树种,同时也是茶花、茶子高产品种和园林绿化的黄色树种(图2-11)。

图 2-11　御金香茶园 5 月底景观

一、白化特性

光照敏感型黄色系白化茶,多季型、芽白型、阶段性白化,白化形态规则、稳定。白化的光照强度要求高于黄金芽茶。自然光照条件下,一、二轮梢和秋梢呈靓丽金黄色泽;秋梢成熟时形成的金黄叶色可持续至翌年春茶。

1. 白化形态

新梢芽叶色泽可分为浅绿、浅黄、黄色、金黄、黄泛白等色阶(图2-12);芽、叶色泽均匀一致,返绿也同步进行,秋季后未完全返绿叶片偶现白化残留形态。

2. 白化、返绿规律

一、二轮茶和秋梢在合适光照下能表达白化,夏梢(6—8月间)则不表现白化,呈现常规茶树相同的绿色;白化程度完全依赖于光照强度,与光质相关性较小,对光照强度的要求高于黄金芽茶。新梢芽体在光照强度1.5万lx时初现白化,叶片在3万lx时呈浅黄色,在3万～8万lx时呈黄色或金

图 2-12　御金香茶春梢芽叶、秋叶(右上排)不同色泽程度

黄色,在 8 万 lx 以上时秋梢转黄泛白色;最佳白化(黄化)程度(色度 110C～123C)一般在二、三叶时出现;一、二轮梢在 6 月中旬返绿,秋梢形成的黄叶色能维持至第二年春茶后。这样,全年黄色期在 6～9 个月(图 2-13)。

图 2-13　御金香夏梢(左 1 行)叶色和春茶前叶色

　　芽叶体内叶绿素等呈色物质随白化程度增加而发生巨幅变动,变化规律与黄金芽大同小异。御金香黄色叶(中等白化,103C、104C)叶绿素总量稍低于黄金芽,叶绿素 b 占叶绿素总量的比重高于同色的黄金芽,但类胡萝卜素仅为黄金芽的一半;深绿色叶(371C)叶绿素总量为黄金芽的三分之二,叶绿素 b 的占比却低于黄金芽(表 2-5)。

表 2-5　御金香、黄金芽不同叶色感官色泽与色差、叶绿素等变化情况

品种	感官叶色	潘东色卡	色差值					叶绿素(μg/g)			类胡萝卜素 (μg/g)
			L*	a*	b*	C*	h	总量	叶绿素 a	叶绿素 b	
黄金芽	黄色	103C	51	−14.4	37.6	40.3	111.1	276.9	252	24.9	334.8
	深绿	371C	36.8	−11.4	17.4	20.8	123.4	2723.3	2087	636.3	640.3
御金香	黄色	104C	58.2	−15.2	45.4	47.9	108.6	250.3	213	37.3	168.2
	深绿	371C	37.1	−11.2	16.9	20.3	123.7	1883.5	1552	331.5	601.2

27

御金香新梢白化的光照强度要求高于黄金芽,光照大于 3 万 lx 时,新梢芽叶才表现为黄色;无论自然栽培还是人工调节,当光照为全日照的一半左右时,会出现白化不足现象;在土壤瘠薄地段或增加修剪频度,则能有效增加黄色程度(图 2-14)。

图 2-14　8月修剪(左)后秋梢黄色程度增加现象

与黄金芽一致,茶树由幼龄到成龄,树体由小到大,植株或枝梢由顶部到基部,随着受光程度下降,叶色呈黄转绿趋势。

3. 白化残留与劣质现象

白化叶返绿后叶片稀有白化残留现象;御金香茶树势健壮,除了一、二年生弱势茶苗在春梢返绿前遭遇突发性高温强光而导致轻度叶缘枯焦外,一般不会出现劣质现象,并且光灼伤的新梢具有较强的自我修复能力。因此,不需要采取保护栽培。

二、生物学特性

1. 形态特征

灌木型,树姿直立,树体高大,树势强盛,新梢萌展能力、伸展能力强。

中叶种,椭圆形叶,叶长×宽为 8.5～9.4cm×3.4～4.0cm;叶面平,叶表隆起中等,叶质柔软,叶缘波折中等,锯齿锐而密,叶基楔形,叶尖中等;黄化秋梢返绿后无白化残留,叶面蜡质明显。

开花、结实能力良好,花朵整齐、匀称,直径 3.6～4.0cm,花瓣 5～7 瓣,瓣白蕊黄;花柱中裂,雄蕊高;种子平均直径 1.05cm,单粒均重 0.92g。

芽型肥壮,茸毫中等,芽重型品种。一芽一叶长 3.0～3.2cm,百芽重 11.9～14.2g;一芽二叶长 3.8～4.5cm,百芽重 18～25g;一芽三叶长 5.5～6.6cm,百芽重 50～55g。芽叶特征总体上表现为,一芽二叶前节间短,三叶后节间迅速伸长(图 2-15)。

图 2-15 御金香春梢一至三叶形态

2. 物候期

晚生种。年活动积温 5000℃ 区域的一芽一叶初展期在 4 月上、中旬,比黄金芽迟 5～8 天(表 2-6);秋梢驻芽期在 10 月中下旬,开花期 10 月中旬至 12 月,盛花期 10 月下旬,比黄金芽早一周左右。

表 2-6 御金香与黄金芽一芽一叶开采期观察

地点	品种	2010 年	2012 年	2014 年
余姚	御金香	4 月 11 日	4 月 3 日	4 月 8 日
	黄金芽	4 月 3 日	3 月 28 日	3 月 31 日

3. 新梢生育特性

御金香萌芽能力强,伸展能力超强。立体栽培茶园在 4 月下旬,萌展到第五叶(萌展值参数为 7)时,御金香的萌展值超过黄金芽(表 2-7)。

表 2-7 2012 年御金香与对照春茶萌展值记录

日期	3 月 26 日	3 月 31 日	4 月 4 日	4 月 7 日	4 月 11 日	4 月 15 日	4 月 21 日
黄金芽	2.00	3.33	3.65	3.90	5.15	5.80	6.90
御金香	1.00	2.58	3.55	3.75	4.95	5.63	7.05

与黄金芽相似,第一轮春梢采摘十余天后,采去茶芽留存的鳞片、鱼叶位腋间能迅速萌展下一轮茶芽,芽体稍显瘦小(图 2-16),但黄色白化良好。

29

因此,春茶采摘期可延续到 5 月中旬甚至更迟。

三龄以上茶树春后修剪、持续蓄梢到秋后,枝梢长度可达到 100cm 以上。

由于御金香开花、结实能力较强,立体栽培茶园在维持良好树势下,可采取春茶延迟结束或推迟春后修剪方法,控制二、三轮新梢蓄养量,促发四、五轮梢萌展能力。这样既可解决孕蕾开花问题,也能满足翌年春茶优质高产要求。

图 2-16　御金香(左)、黄金芽(右)春梢二轮新梢萌展情况

4. 抗逆性

御金香茶的综合抗逆能力远胜黄金芽,也胜过常规品种。除了一、二龄幼树春梢会受突发性高温强光灼伤外,即使高度白化的越冬叶也鲜有受冻枯焦现象。2013 年夏季遭遇持续 40 天高温干旱后,御金香生长如常,而黄金芽出现枯梢落叶现象(图 2-17)。

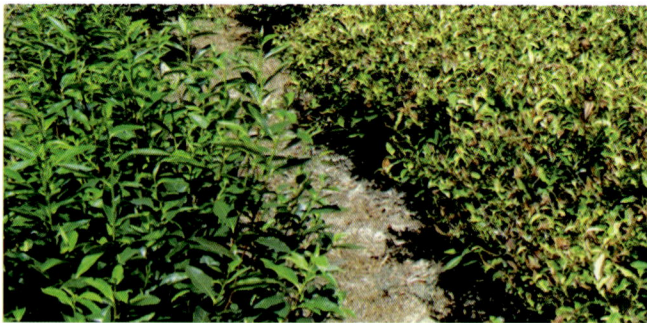

图 2-17　2013 年夏季持续高温干旱后御金香(左)树势

5. 繁育性能

易孕蕾开花,结实能力强(图 2-18)。经试验,单独栽培的 8 年生茶树单株茶果产量 1kg、茶子 253g;按每亩栽培 1800 株计算,茶子亩产理论值为 455kg;种子后代白化性状遗传能力较强,近半种子能保持亲本白化特性。

短穗扦插繁殖容易、成活率高,前期长势慢,第二轮生长势加快,周年茶苗长势明显好于黄金芽(表 2-8)。

图 2-18　御金香结实情况

表 2-8　御金香、黄金芽一年生扦插苗长势

	2004 年苗势(cm)		2005 年苗势(cm)		两年平均苗势(cm)	
	地茎	高度	地茎	高度	地茎	高度
御金香	0.39	49.9	0.31	40.4	0.35	45.2
黄金芽	0.31	37.6	0.32	45.1	0.31	41.4

三、经济学特性

1. 肥水要求

御金香茶树由于自身强盛的树势和白化特点,对肥力、水分的要求与常规茶树比较,也没有太大的区别。按照常规茶园的管理要求,完全可以满足高产、优质要求。

2. 产量性状

御金香属于芽重型、高产稳产品种。由于春季新梢持续萌芽能力强,春秋梢呈黄色白化,决定了其优质高产能力高于白叶 1 号等低温敏感型白化茶;与黄金芽相比,一芽一叶以上嫩度时,产量不及黄金芽;一芽二叶初展以下嫩度时,产量则明显超过黄金芽(表 2-9)。采用立体采摘茶园模式,在种植第二年春(即一足龄生长期)即可开采,亩产干茶 0.5kg 以上;三、四、五年生茶园年平均亩产干茶 10.56kg,七年生茶园最高亩产(2011 年,干茶)达到 20.3kg。

表 2-9　御金香、黄金芽春茶一、二叶标准鲜叶亩产比较

鲜叶标准	黄金芽(kg)	御金香(kg)	御/黄(%)
一叶展	45.8	38.9	84.9
二叶初展	53.8	57.5	106.5

3. 加工性能

适制绿茶、红茶、黄茶、青茶。

采制绿茶时，鲜叶嫩度不同，适制性差异较大。一芽一叶以上嫩度时，适制扁形茶、条形茶，而针形茶、卷曲茶、蟠曲茶往往成形困难；一芽二叶以下嫩度时，适制蟠曲茶；春茶前期芽叶往往呈浅绿色或浅黄色，产品特色不及中后期理想。

采制铁观音工艺茶时，春茶鲜叶采用中开面嫩度，由于质地相对较嫩，加工上宜采取轻凉轻摇为主；秋茶采用小、半开面原料，因鲜叶质地厚重，则以重凉重摇为主，技术参数有着很大不同。

4. 品质特性

鲜叶越黄，成品品质越优，特色越明显。

绿茶色泽以"三黄"为典型风格，即干茶亮黄、汤色嫩黄、叶底玉黄。其中春茶前期稍呈亮绿显黄，不及黄金芽明显；中后期为纯黄亮丽，黄色程度与黄金芽相同；清香型工艺的茶花韵明显、持久，重炒型茶香气浓郁、悠长；滋味以醇厚、爽、鲜为主，耐冲泡；前期绿茶茸毫较多。

红茶感官品质特色是，干茶乌润有毫、汤色红橙、叶底乌红，甜香浓郁，滋味浓、鲜、回甘，耐泡。干茶色泽与黄金芽相比，稍显浅灰、显毫。

黄茶基本感官品质色泽"三黄"突出，即干茶亮黄、汤色橙黄、叶底玉黄，香气甜郁，滋味醇厚、回味甘鲜，耐泡。

青茶干茶重实，色泽砂绿显黄，叶底黄亮，头泡往往滋味不显，四泡味最厚重，耐泡性好；滋味醇、柔、回甘，香韵纯正馥郁。

生化品质属于高氨基酸、低茶多酚特征，氨基酸含量波动范围大。原产地历年检测统计，春茶氨基酸含量最高（4.6%～6.4%），其中秋茶氨基酸含量为 5.2%；引种到江苏溧阳后，氨基酸含量高达 7.6%～10%，明显高于原产地（表 2-10）。

表 2-10　御金香历年生化成分检测结果

产地	生产日期	水浸出物（%）	茶多酚（%）	咖啡碱（%）	氨基酸（%）
浙江余姚	20080412	38.6	23.5	3.1	5.7
	20090411	47.1	16.4	3.6	4.6
	20091020	42.3	16.0	1.8	5.2
	20110424	47.2	17.2	4.2	5.1
	20120411	44.0	16.6	3.7	6.4
江苏溧阳	20110417	未测	17.7	未测	10.0
	20110419	未测	15.5	未测	7.6

四、品种提示

1. 光照敏感型黄色系白化茶品种，适宜在全国绿茶、青茶、红茶、黄茶区域栽培，种植地段应选择光照相对充足、土壤相对深厚的宜茶坡台地，小于4000℃区域采取越冬保护栽培。

2. 采用标准行布局和立体采摘树冠模式栽培，因树势强盛，建议春茶推迟结束或推迟春后修剪，以秋梢为主培育翌年生产枝层。

3. 适制绿茶、红茶、黄茶、青茶，适合多季生产，也可作为茶花、茶籽油料、食材产业化开发和园林绿化应用。

第三节　家系品种

2004年起，余姚市德氏家茶场以黄金芽为母本，通过杂交、诱导等技术手段，获得了大量变异丰富的黄金芽家系种质后代。这些种质的变异类型涉及生态(光照)敏感型、生态不敏感型、复合型，色系以黄色为主，兼有白色、复色等；经过田间性状、加工品质等比较试验，筛选出一批适合茶作、园林绿化应用的优良株系，从中育成黄金甲、醉金红、金玉缘等国家林业植物新品种。

一、黄金甲

以黄金芽为母本，于2004年获得种子后代经扦插繁育而成，种质编号为Hg05-2，2014年获得国家林业局植物新品种保护授权，我国第一个早生系白化茶新品种。

黄金甲与母本一致，为光照敏感型黄色系白化茶。白化性状与母本基本一致，综合性状优于母本。主要特点是：树体高大，抗逆性优于母本；萌芽早，介于特早生、早生种茶之间；品质优异，氨基酸含量超过黄金芽茶（图2-19）。

（一）白化特性

光照敏感型黄色系白化茶，多季型、芽白型、阶段性白化，白化形态规则、稳定；新梢芽叶色泽可分为浅绿、浅黄、黄色、金黄等色阶（图2-20），叶色返绿速率比黄金芽稍快；自然条件下，三季新梢和周年树色总体呈现靓丽金黄色泽。

图 2-19　黄金芽家系新品种——黄金甲

图 2-20　黄金甲春梢黄化芽叶不同色泽程度

（二）形态特性

灌木型,树姿直立,树体高大,树势强,分枝密度中等,蓄养枝梢长而匀称,较亲本细长。

中叶种,椭圆形叶,叶型大,叶长、宽分别为 8.1～9.4cm、3.8～4.0cm;叶基钝,叶尖长,叶质软,叶齿密、中等;光照充足条件下叶面隆起明显,叶片前 1/2 处叶缘有一大波折,这是识别该品种的一个标志,但遮阴条件下叶面平整,叶缘波折消失(图 2-21)。

图 2-21　黄金甲在自然栽培(左)、遮阴条件下成叶变化情况

芽体中等,芽型秀长,少毫。图 2-22 右起 2、1 为黄金甲春梢一、二叶,一叶初展时呈鱼尾状,二叶先端背卷,与黄金芽一、二叶(左起 2、1)区别明显。

花朵大,直径 4.2～4.6cm,花梗、基有花青甙,雄蕊黄色淡、雌蕊低,柱头三裂、分裂位置中等(图 2-23)。

图 2-22　黄金芽一、二叶(左起 2、1)
黄金甲一、二叶(右起 2、1)

图 2-23　黄金甲花、蕾(左 1、2)与母本比较

(三) 生育特性

物候期介于特早生、早生种之间。年活动积温 5000℃区域的春茶 1 芽 1 叶开采期约在 3 月中、下旬,较平阳特早迟 0～2 天,而比母本早 5～9 天 (表 2-11);花期 10 月中旬至 12 月末,盛花期 10 月下旬,早于黄金芽一周左右。

表 2-11　黄金甲与对照种春茶物候期比较

年份	2012 年	2013 年	2014 年
黄金甲	3 月 25 日	3 月 17 日	3 月 23 日
黄金芽	3 月 30 日	3 月 26 日	3 月 30 日
平阳特早	3 月 23 日	3 月 17 日	3 月 23 日

萌芽能力强,数量型品种。一芽一叶至三叶,芽叶长、芽体长、百芽重分

别为母本黄金芽的109％～117％、102％～129％、108％～122％,其中一芽一叶芽体长度和一芽三叶百芽重差距最大(表2-12)。

表 2-12   黄金甲与母本芽叶质量比较

品种	一芽一叶			一芽二叶			一芽三叶		
	芽叶长度(cm)	芽体长度(cm)	百芽重(g)	芽叶长度(cm)	芽体长度(cm)	百芽重(g)	芽叶长度(cm)	芽体长度(cm)	百芽重(g)
黄金甲	3.50	2.75	10.8	4.65	3.15	22.3	5.85	2.75	39.8
黄金芽	3.00	2.13	9.9	4.27	2.60	18.7	5.25	2.70	32.3

新梢伸展能力良好,与母本相近,但同等蓄养长度的枝梢不及母本粗壮,春后修剪,当年持续蓄梢到秋后,枝梢生长量100cm以上。

黄金甲的种性弱点是白化枝梢抗阳光灼伤能力较弱,灼伤后对当年树势影响极大,但抗灼能力稍好于母本。因此,本种在幼龄茶园时,应进行减光保护栽培;覆盖度达到60％以上的成龄茶园,可采用常规方式栽培。

(四) 适制特性

黄金甲采制绿茶时,具有母本相似的茶类适制特性和感官品质特色,宜加工条形、针形、卷曲形、蟠曲形等茶类,因芽形秀长,不太适宜于扁茶;经两年不同嫩度的检测分析,氨基酸含量高于同期母本12.3％～67.8％,茶多酚则为母本的55.5％～85.4％(表2-13);春、秋梢芽下一叶经氯仿发酵能力测试,发酵等级与母本一致,适宜于采制红茶。

表 2-13   黄金甲生化成分比较

品种	采制日期	水分(％)	水浸出物(％)	茶多酚(％)	氨基酸(％)	咖啡碱(％)
黄金甲	20120406	5.4	45.2	12.1	9.4	3.7
黄金芽	20120406	4.2	47.2	21.8	5.6	3.5
黄金甲	20130429	4.8	46.6	14.0	6.4	3.65
黄金芽	20130429	4.4	47.1	16.4	5.2	3.81

二、醉金红

以黄金芽为母本,2004年获得的种子后代经扦插繁育而成,种质编号为Hg05-8,2014年获得国家林业局植物新品种保护授权。

醉金红与母本一致,为光照敏感型黄色系白化茶。白化性状与母本基本相近,但叶色总体稍偏绿。主要特点是:树体高大,树势、抗逆性明显优于母本(图2-24);萌芽迟,芽体多呈红色;适制红茶、绿茶、黄茶,氨基酸含量

图 2-24　黄金芽家系新品种——醉金红

高于黄金芽茶。

(一) 白化特性

　　光照敏感型黄色系白化茶,多季型、芽白型、阶段性白化,白化形态规则、稳定。春梢芽体在气温较低时呈黄色、气温较高时呈红色,夏秋梢芽体

图 2-25　醉金红春梢芽叶不同色泽程度

均呈红色;新梢叶色分为浅绿、浅黄、黄色、金黄等色阶(图 2-25);白化叶返

绿速率比黄金芽快,成熟叶色稍绿,但总体上三季新梢和周年树色总体呈现靓丽金黄色泽。

(二)形态特性

灌木型,树姿直立,树体高大,树势强,分枝密度紧密,蓄养枝梢长而匀称,与亲本一致。

小叶种,长椭圆形叶,成叶与母本极为相似,但稍显狭长。叶长、宽分别为8.5~8.9cm、3.1~3.3cm,叶脉9~11对,较母本多2~3对;叶基楔形,叶尖长,叶质中等,叶齿密、锐;叶缘波折和叶面隆起明显(图2-26)。

芽体中等,少毫,幼嫩芽梢三叶时两侧呈"八"字背卷,特征十分明显(图2-27);花朵直径小于4.0cm,雌蕊低,柱头三裂、分裂位置中等。

图 2-26　醉金红秋叶(上排)
与母本比较

图 2-27　醉金红嫩梢第三叶(下排右二)
侧背卷特征

(三)生育特性

晚生种。大于10℃的年活动积温5000℃区域的春茶一芽一叶开采期约在3月底至4月上旬,比母本迟1~7天(表2-14);孕花量小,花期10月中旬至12月末,盛花期11月上旬,与母本相近。

表2-14　醉金红与母本春茶物候期比较

年份	2012 年	2013 年	2014 年
醉金红	3 月 31 日	4 月 2 日	4 月 5 日
黄金芽	3 月 30 日	3 月 26 日	3 月 30 日

萌芽能力强,属数量型品种。一芽一叶至三叶,芽叶长、芽体长与母本相近,百芽重分别为母本黄金芽的100%~116%,呈现嫩度下降、芽重增大趋势,说明芽叶发育能力强于黄金芽(表2-15)。

表 2-15　醉金红与母本黄金芽芽叶质量比较

品种	一芽一叶			一芽二叶			一芽三叶		
	芽叶长度(cm)	芽体长度(cm)	百芽重(g)	芽叶长度(cm)	芽体长度(cm)	百芽重(g)	芽叶长度(cm)	芽体长度(cm)	百芽重(g)
醉金红	3.10	2.70	10.0	4.20	2.55	22.8	5.15	2.65	37.3
黄金芽	3.00	2.13	9.9	4.27	2.60	18.7	5.25	2.70	32.3

新梢伸展能力、新梢粗度等与母本相近,春后修剪、当年持续蓄梢到秋后,枝梢生长量 70cm 以上。

由于叶色稍绿、返绿较快,白化枝梢抗阳光灼伤能力明显比母本强。但本种在幼龄茶园时,仍需选择相对蔽阴地段,适度减光保护栽培。

(四) 适制特性

醉金红采制绿茶时,具有母本相似的茶类适制特性和感官品质特色;芽下一叶经氯仿发酵能力测试,春梢发酵能力与母本一致(图 2-28),秋梢发酵能力好于母本,说明比母本具有更好的红茶适制性。

图 2-28　1、2 组:醉金红、黄金芽秋茶;3、4 组:醉金红、黄金芽春茶

同等嫩度春茶二年检测分析结果,氨基酸含量高于同期母本 3.8%～12.6%,茶多酚互有高低,相差不大,而咖啡碱含量较低(表 2-16)。

表 2-16　醉金红生化成分比较

品种	采制日期	水分(%)	水浸出物(%)	茶多酚(%)	氨基酸(%)	咖啡碱(%)
醉金红	20120502	4.6	44.7	16.4	5.0	2.5
黄金芽	20120502	3.4	44.8	15.2	4.4	3.7
醉金红	20130429	4.2	48.5	15.5	5.4	3.03
黄金芽	20130429	4.4	47.1	16.4	5.2	3.81

三、金玉缘

2008 年,金玉缘由黄金芽茶树产生的芽变株、经扦插繁育而成,种质编号 Hg09-10,2013 年获得国家林业局植物新品种保护授权,为我国第一个光敏复合型复色系白化茶新品种。

金玉缘的变型、色系与母本不同,为复合型复色系白化茶。主要特点是:主导变型、白化主色为依赖光照而表达的光照敏感型黄色系;茎梢白茎、叶片白心黄边,成龄茶树上下形成黄、白、绿三色组合,十分美观;半开张型树姿;二叶以下嫩度的绿茶叶底能展示出黄边白心的特征。适宜于园林、茶作栽培应用(图 2-29)。

图 2-29 黄金芽家系新品种——金玉缘

(一)白化特性

光敏复合型、复色系白化,白化形态规则、稳定。三季新梢萌展到一芽一、二叶后,沿主脉两侧、约占全叶 1/4 至 1/2 的叶片中间部分呈白色白化,叶周部分呈黄色,茎在伸展生长过程中由乳黄渐变为白色,枝梢成熟时达到最大白色程度(图 2-30)。因此,新梢叶片由白、黄组成复色叶,而全树叶色由黄、白、绿(树冠下部返绿叶)构成三色复色。枝、叶的白色部分形成不受外界生态条件影响,为生态不敏型白化;叶周部分的叶色变化与光照有关,为光照敏感型白化。

(二)形态特性

灌木型,树姿半开张,树势中等;分枝密度密,蓄养枝梢长而匀称,与母本一致。

小叶种,长椭圆形叶,正常树势时,叶形及大小与母本相近,叶长、宽分别为 6.5～8.0cm、2.5～3.0cm,但在树势弱下时叶形明显变小(图 2-30)。

芽体中等偏小,少毫,展叶姿态与母本相近;花期10月中旬至12月末,

图 2-30　金玉缘(左)、黄金芽夏梢白化芽叶色泽

开花多、结实少，花朵瓣白蕊黄，花柱三裂、深，种子小。

(三)生育特性

中生种，大于 10℃的年活动积温 5000℃区域的春茶一芽一叶开采期约在 3 月下旬至 4 月初，与母本相近(表 2-17)。

表 2-17　金玉缘与母本春茶物候期比较

年份	2012 年	2013 年	2014 年
金玉缘	3 月 31 日	3 月 26 日	3 月 31 日
黄金芽	3 月 30 日	3 月 26 日	3 月 30 日

萌芽能力强，数量型品种。芽型小，一芽一叶至三叶，芽叶长、芽体长、百芽重分别为母本黄金芽的 93.3％～86.7％、98.6％～88.9％、96.3％～70.6％，随着芽叶伸展，两者差距扩大，说明金玉缘树势不及母本强盛(表 2-18)。

表 2-18　金玉缘与母本芽叶质量比较

品种	一芽一叶			一芽二叶			一芽三叶		
	芽叶长度(cm)	芽体长度(cm)	百芽重(g)	芽叶长度(cm)	芽体长度(cm)	百芽重(g)	芽叶长度(cm)	芽体长度(cm)	百芽重(g)
金玉缘	2.80	2.10	7.8	3.70	2.50	18.0	4.80	2.40	22.8
黄金芽	3.00	2.13	9.9	4.27	2.60	18.7	5.25	2.70	32.3

良好树势条件下，金玉缘新梢伸展能力与母本相近。春后修剪、当年持续蓄梢到秋后，枝梢生长量可达到 60cm 以上(图 2-31)。

图 2-31　春后修剪、蓄养的金玉缘秋后枝梢形态

由于叶片中间部位白化明显，白化枝梢抗阳光灼伤、抗冻、抗干旱能力均弱于母本。因此，本种适宜于减光保护栽培和园林绿化搭配种植。

（四）适制特性

适制绿茶、红茶、黄茶。采制绿茶时，干茶特征、香气、滋味与母本相似，氨基酸含量与同期母本含量相当；一芽二叶嫩度的叶底能展示出黄边白心的明显特征。

第三章　扦插育苗

茶树短穗扦插育苗能在保持母树优良特征特性的同时，实现茶苗的快速增殖，是当前包括白化茶在内的茶树无性系良种化推进的最佳途径。光照敏感型黄色系白化茶短穗扦插育苗的个性化关键技术是，控制芽叶白化表达，确保茶苗最佳生长势。

第一节　育苗基础

茶树短穗扦插育苗技术相当烦琐，从建圃、育穗、扦插、管理到苗木出圃，育苗者要提前计划和落实土地、种源、劳力、资金、物资等事项，熟练、准确地把握各项技术环节，方能保证育苗的顺利完成。黄金芽苗圃秋景如图3-1所示。

图 3-1　黄金芽苗圃秋景

一、技术经济特性

1. 茶苗白化特性

光照敏感型白化茶在育苗周期内，茶苗白化特性包括三个阶段：一是白化叶插穗的返绿;二是从插穗返绿到第一轮生长结束阶段的白化现象消失;三是第一轮生长结束到成苗出圃的白化调控。总体上,光照等微域生态的改变程度不会改变茶树的白化本质,但能影响白化性状表达,对于茶苗扦插效率和茶苗质量有着极为重要的关联。

目前尚无明确的依据证明持续、多代育苗导致光照敏感型白化茶种性退化的现象。但经过多代育成的茶苗种植后,生殖生长提前、孕蕾开花增加和生长势受到抑制的现象比较明显,同时随着树龄增加,出现氨基酸含量下降趋势。因此,尽量考虑建立能保持、稳定和纯化品种特有性状的专用母本园。

2. 育苗技术特性

光照敏感型白化茶育苗技术区别于常规品种的重要之处,在于采穗园和穗枝培育要求采取特定技术,主要有三点:一是采穗园应通过调控技术,降低枝梢白化度,避免采用高度白化枝条作为穗源;二是在扦插后至茶苗生长阶段应控制白化表达,促进茶苗发育;三是秋季扦插时,应采用无蕾枝梢作为穗条。在此基础上,扦插后一定时间内应及时进行灭蕾,避免花蕾优先发育,影响茶苗成活率和前期生长势。

3. 茶苗生长特性

一方面,由于育苗期间采取保护与精细管理措施,生育条件得到优化,白化性状得到控制,苗期生长势往往优于移栽后长势;另一方面,茶苗的扦插性能和生长势因品种差异而区别,而与白化无关,如黄金芽和御金香比较,前者的插后萌芽等扦插性能总体上优于后者,但育苗后期的生长势却弱于后者。

4. 经济特性

采用"一芽一叶一寸长"的短穗扦插育苗技术,是一项十分经济、高效、快速的繁育技术。插穗用材省,繁殖系数可达数十倍甚至上百倍;插穗可取材于专门的母本园、生产园或苗圃,来源方便;一年中扦插时间长达 6 个月以上,有利于生产安排。但扦插育苗是一项劳力密集型的农业生产项目,其中劳动力成本要占到育苗总投入的一半以上,而设备水平和经营规模不同,单位成本的差距很大。因此,合理安排扦插时机,科学管理,提高出圃率,不仅能大量提供优质茶苗,也能创造更高的经济效益。

二、育苗技术流程

白化茶短穗扦插育苗技术的主要流程如下:

1. 育苗计划

应预先确定育苗品种、数量、时间,进行资金、物资、劳力等准备。

2. 培养插穗

选择繁育品种的合适母本园,提前落实安排培养穗枝。

3. 圃地准备

提前一个月做好苗圃、苗床整理,扦插前做好相应物资配备。

4. 剪穗扦插

扦插时应做到剪穗、扦插及苗圃管护三者同步进行。

5. 苗圃管理

做好水分、光照、温度、肥培、病虫草害、控梢等管抚工作。

6. 起苗出圃

做好起苗前圃地控水、包装材料等准备,按标准起苗。

三、育苗周期与时间

大地扦插育苗周期一般需要一周年生长时间,才能育成健壮合格的茶苗。但随着育苗和种植技术的进步,育苗周期朝着适当缩短方向发展。采用设施化等先进技术育苗时,往往不需要一周年生长时间,茶苗就已经达到规格要求;一些生态条件良好、近距种植的育苗者,在梅季、早秋季采用低规格苗种植,通过精细化管理栽培效果往往好于冬春种植,为茶苗提前出圃提供了保障,育苗时间缩短到半年左右。

就育苗季节来说,一年中,除了春梢未成熟而不能采穗扦插外,其他时间都可进行扦插育苗。依据穗源、扦插时间等要素,扦插时间分为梅插、夏插、秋插、冬插、春插等五个时段(表3-1)。

表3-1　宁波地区及同积温区域茶树短穗扦插时段

扦插季节	扦插时段	育穗时间	出圃时间	技术特征
梅插	6/中—7/上	春前蓄梢	当年秋后	春梢为穗、当年出圃
夏插	7/中—8/下	春后蓄梢	翌年梅季后	前二轮梢、无花蕾穗枝
秋插	9/上—10/下	夏季蓄梢	翌年秋后	有花蕾穗枝、插穗当年发育启动
冬插	11/上—12/下	秋季蓄梢	翌年秋后	插穗休眠越冬
春插	2/下—3/中	秋季蓄梢	当年秋后	扦插后进入发育期

(一)梅插

扦插时段为一轮茶成熟后的6月中旬—7月上旬;采穗圃在春茶萌芽

前进行修剪；秋季生长休止后可出圃，苗高在 10～40cm 之间（图 3-2）。优点是：扦插成活率高，育苗周期短，当年移栽根群密集、带土多、易成活；缺点是：低规格茶苗数量偏多，梅插会造成母本园春茶收入减少。梅插时，应尽量争取早插，加强光肥水供应。若时间过迟，管理不到位，则往往生长量不够，秋后难以移栽，尤其是高山高纬度茶区不太适用梅插；秋后至翌春移植时，虽然根群比较集中，利于成活，但种植当年加强管抚至关重要。

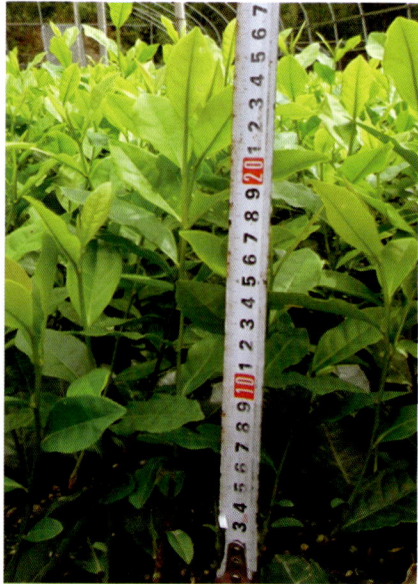

图 3-2 梅插苗 10 月初长势

（二）夏插

扦插时段为二轮茶成熟后的 7 月中旬—8 月下旬；采穗圃要在春茶提早结束、修剪养穗，或利用改造茶园、立体茶园采穗；出圃一般要在第二年秋后。优点是：穗枝尚未形成花芽，插后愈伤时间短，成活率高，生长发育快，茶苗在当年可达到 10cm 以上高度，翌年生长量大；缺点是：扦插季节气温高，劳动强度大，远距离异地采穗风险高，扦插过密时往往造成茶苗过高而质量下降。

（三）秋插

扦插时段为秋梢萌展至生长休止的 9 月上旬—10 月下旬；穗源可来自春后修剪养穗的母本园、苗圃或立体茶园；出圃一般要在第二年秋后。优点是：可插时期长，插穗来源广，气候宜人，劳动强度小，便于生产安排，且扦插苗往往当年形成完整植株或愈伤组织，能安全越冬，茶苗质量上乘；缺点是：育穗不当往往带有大量花蕾，增加剪穗或插后灭蕾工作量。秋插时间越早，茶苗成活率和生长量越好。

（四）冬插

扦插时段为生长休止后至严冬来临前的 11 月上旬—12 月下旬；穗枝来源同秋插；出圃一般要在第二年秋后。这一时段扦插时，插穗已进入休眠状态，基本不会形成伤口愈合，白化叶返绿缓慢；越冬管理要求高。冬插往往适宜于南方温暖区域，高寒地区一般不提倡。

(五)春插

扦插时段在严冬过后至春茶萌发前的2月中旬—3月中旬,适用于气候温和茶区,穗枝来源同秋插,出圃在当年秋后。春插采用的插穗由于经过越冬过程,叶片生理状况往往欠佳,扦插后叶片返绿缓慢,容易因管理不当造成枯萎;但由于扦插季节处于树汁流动前期,插后立即进入萌芽期,管理成本比冬插明显降低。春插苗应加强肥培管理水平,保证较高的生长量。

四、茶苗质量要求

根据现行标准,茶苗分为一级和二级。一级苗规格要求:基部粗度3.0mm以上、株高30cm以上、大于12cm根系3条以上的苗占95%;二级苗规格要求:基部粗度2mm以上、株高20cm以上、大于12cm根系2条以上的苗占95%。无检疫对象,纯度100%。

不同扦插时期育成的茶苗规格、质量有很大差异。夏、秋插茶苗和二年生苗株高可达到70cm以上,冬、春插苗可达40cm以上,而梅插苗一般在40cm以下(图3-3)。

图3-3　10月上旬测定的上年秋插、春插、梅插茶苗长势

理想的白化茶苗应先看枝梢粗度，其次看根系发育程度，再次是看高度和分枝。茶苗规格可分为三类：

一是苗龄一年以下的冬插、春插、梅插当年出圃苗，要求茶苗高度15～40cm、基部粗度2mm以上，根系发育良好。这类苗往往移栽时带土量大，十分有利于栽后成活。

二是苗龄一年及以上的夏插、秋插苗，要求茶苗粗度大于3mm、高度25～40cm、根系密集、分枝一个以上。扦插密度过高时，高度往往超过40cm，若未经过控梢处理，多呈细枝弱苗、基部脱叶状态，不利于栽后成活。

三是当年规格不足而未出圃、经重新移植的二年生茶苗，这些茶苗往往茎枝粗、根系发达，应是理想壮苗。

第二节　育穗技术

严格地说，为保证白化茶的种性优势，穗源应来自专用母本园和育穗技术培育的枝梢。而生产上，插穗取材往往来源多样，包括专用母本园、生产茶园、改造茶园和苗圃等。这种情况下，应坚持采用健壮合格枝梢作为穗源。

一、穗枝质量

穗枝质量包括穗枝的粗度、长度、节间长度、成熟度、完整度和白化程度。

当年生茶树枝梢的粗度和长度之比大约为1：（80～100），适合插穗的枝梢粗度通常在2.5～5mm，其中以3～3.5mm为最佳。因此，适合插穗的穗枝长度一般在20～50cm范围内。

穗枝节间长度指枝梢上、下两叶间的长度。一个枝梢的基部数个叶片往往叶型较小，不适合作为插穗，而顶部数个叶片又因节间很短，难以剪取合格插穗。

粗度足够时，穗枝长度、节间长度是关系到插穗剪取率高低的重要因素。品种间比较，黄金甲节间较长，剪穗率较高；金玉缘节间短，剪穗率较低（表3-2）。

表 3-2　不同品种枝梢粗度与节间长度

品种	黄金芽	御金香	黄金甲	醉金红	金玉缘
粗度(mm)	2.5~4.0	2.5~4.0	2.5~4.0	2.5~4.0	2.5~4.0
节间长度(cm)	2.5~4.0	3.0~4.5	3.5~5.1	2.5~4.5	2.0~3.8

穗枝成熟度一般都要求在半木质化程度以上。通常情况下,经过一个生长轮次的穗枝即可符合插穗的要求。但如果考虑成熟度,从萌芽到成熟的生长时间一般需要 1 个半月以上,其中春梢成熟时间要长于夏梢、又长于秋梢。

穗枝完整度是指枝梢健壮、芽眼饱满、叶片正常完整。确保在剪取插穗后,每个插穗有一枚叶片和一个饱满芽眼。

穗枝白化程度,是白化茶插穗的特殊要求,当叶片出现高度白化甚至畸化时,不宜作为插穗。图 3-4 右起为黄金芽秋梢从顶到基部的代表性叶色的叶片排列,右起 1、2 叶色泽呈黄泛白,因白化程度过高,扦插后返绿困难,成活率很低。

图 3-4　黄金芽秋梢代表性叶片色泽(右起为梢顶部叶片)

二、穗源及采穗量

穗源除来自专用母本园外,还可采自立体采摘茶园,或利用幼龄茶园、重度改造后茶园、封行成龄生产茶园的茶行整修和苗圃采穗。

1. 专用母本园

一周年可采 2~3 次穗枝,即 6、7 月间采春梢、8 月下旬采夏梢、秋后采秋梢。

2. 立体茶园采穗

是指采摘春茶、而后培育穗枝的立体采摘茶园,一般夏插穗源在冠面全采或选取,秋后穗源结合行间修边采穗。

3. 改造茶园采穗

衰败茶园进行改造后、蓄梢复壮过程进行采穗,一般可供秋后采穗。

4. 茶行整修采穗

利用成龄封行茶园秋后结合修边采穗。

5. 苗圃采穗

夏插、秋插苗在出圃前进行截顶采穗,用于秋、冬、春插用穗;冬、春、梅插未出圃留存的第二年苗,适宜作梅插用穗和秋后出圃时采穗。

不同采穗园的穗枝产量往往存在很大差别,各类采穗园能达到的平均采穗量参考值如表 3-3 所列。

表 3-3　不同采穗园扦插穗枝采穗量　　　　单位:kg/亩

采穗园别	6、7 月间	7、8 月间	秋后
成龄专用母本园	300～500	300～500	600～1000
成龄立体茶园	/	500～1000	500～1000
改造茶园	/	/	200～500
成龄封行立体茶园	/	/	200～400
上年扦插苗圃	/	/	200～400

三、剪穗量

剪穗量是指单位重量穗枝可剪取扦插短穗的数量。由于穗枝成熟度、粗度和节间长度等因子的差异,剪穗量会表现出很大差别。一般采穗时间越早、成熟度越低、枝粗越大、节间越短,剪穗量越低。梅插、夏插时穗枝剪穗量一般为同等粗度秋梢剪穗量的 70%～80%(表 3-4)。

表 3-4　不同粗度成熟秋梢插穗剪取量参考值

枝梢粗度(mm)	插穗(枚/kg)
2.5～3.0	800～1000
3.1～4.0	600～800
4.1～5.0	400～600

四、采穗园面积

在生产上,可以根据下式计算出采穗园大概所需面积:

采穗园所需面积＝（亩采穗量×剪穗量）/（育苗面积×亩插穗量）。

五、育穗技术要点

白化茶育穗要在培育健壮穗枝基础上突出两个方面，一是强化对白化程度调控；二是强调对秋季采穗园孕蕾开花调控。

（一）复壮树势

梅季、夏季采穗茶园应在春前或春茶提前结束进行树冠修剪；早秋采穗的母本园在春茶后及早进行树冠修剪；秋后采穗茶园，则应在 8 月中下旬促发秋梢。一般要求春茶后修剪到主枝粗 8mm 以上、阶段年龄 5 龄以下程度为宜。专用母本园采穗后应及时进行冠面整修，促进下批分枝整齐萌发。

（二）增加营养

首先应选择土质肥沃地段的青壮龄茶园为采穗园。一般情况下，年度基肥参照生产茶园标准；专用母本园每次采穗后应亩施复合肥 25kg。同时应加强病虫草害防治，保证穗枝发育健壮、形态完整。

（三）控制白化

光照敏感型白化茶具有多季白化的特点，其中黄金芽系品种为全年性白化茶种，御金香为春秋白化茶种，因此培育穗枝时，应根据可能出现的白化情况，提前做好采穗圃遮阴覆盖，促进茶树返绿；冬、春插用穗还应采用薄膜覆盖，确保叶片不受严寒冻伤。

（四）抑制花蕾

立体采摘茶园由于每年春后要进行树冠重度再造，为平衡枝梢生育状况和控制花蕾孕育，一般在 6 月底至 7 月初、8 月初或 9 月初要进行一二次控梢。秋季采穗时，可结合茶园培育，在 6 月底至 7 月初，留两个芽位再次修剪，而后蓄梢，这样可有效地解决孕蕾问题，形成无花蕾健壮枝梢。

（五）合理采穗

采穗要求做到适时、适度，尽量剪取健壮完整、枝粗和成熟度合理的枝梢；在生产园、未成龄茶园采穗时要兼顾树冠发育状况，不能顾此失彼；采穗后不在越冬前出圃的苗圃，如无保护措施，则不应在秋冬季采穗，防止受冻落叶、死亡（图 3-5）。

图 3-5　秋季采穗苗圃的茶苗受冻状况

第三节　建立苗圃

扦插苗圃涉及的土地、棚架、保护材料、基质、肥水、用工及技术等要求，应逐一提前落实到位。

一、苗圃资材

（一）棚架

当前，农作物育苗技术已走向设施化、智能化，但茶树育苗者规模小，多数仍采用简易设施。目前主要采用以下两种方式：

一是小拱棚育苗。中心高 60～70cm，拱形跨度 100～110cm，拱骨间距一般为 1m（图 3-6）。拱骨为毛竹削成的长条，长度 200～250cm，宽度 3～3.5cm，削去毛竹的节间棱角和边棱，两端成剑状。

二是钢管大棚育苗。采用高度 2.2～2.5m、跨度 6m 的标准钢管大棚，按育苗要求，可设置 4 行苗床，长度则可依地而设（图 3-7）。

图 3-6　小拱棚育苗

图 3-7　配置微型喷灌设施的钢管大棚苗圃

（二）覆盖材料

主要有保温和遮阴等两类材料。

1. 保温材料

冬季保温采用 8 丝厚度的无色、透明农用薄膜覆盖。无色、透明农用薄膜的种类很多，以无色无滴长寿膜为首选。

2. 遮阴材料

多数采用黑色遮阴网，按遮光率分 70% 和 50% 两种，其中夏插采用

70％遮阴网或双层 50％遮阴网，其他季节扦插的采用 50％遮阴网。

（三）灌溉设施

灌溉设施有多种类型，用于茶苗繁育的最佳设施为微喷灌系统，其次是摇臂式喷灌系统，小规模育苗时可采用机械喷灌。不管采用何种灌溉设施，合理、充足的水源配置是建立喷灌系统的前提。一般选择苗圃上方水源最为有利，可大幅减少能耗，确保水分供给。

1．微喷设施

结合大棚育苗设施应用，除供水管道和动力设施外，主要由微型喷头、PVC 水管、滤清器三部分组成；跨度 6m 的标准大棚，按行向取等距位置设置两排，排间距离 3m，喷头间距为 1m（图 3-7）。优点是：操作便利，省工省力；水雾均匀，不易产生水滴溅痕等现象，但投资较大。

2．喷灌设施

采用摇臂式喷灌系统，按单一喷头摇动的喷灌直径分 16～18m 和 12～15m 两种规格，可采用固定管道和移动软管结合的方式设置。优点是：节省投资成本，适合小规模分散地块的管理。但在设置时应防止产生喷灌死角，在育苗初期应尽量避免过量水滴对插穗和苗床造成水溅损伤。

3．机械灌溉

采用汽柴油机械为动力的简易喷灌设施。

（四）基质

大地育苗基质主要是土地平整后覆盖在苗床表面的一层土，习惯采用生物质少的深层土壤，即所谓心土。从各地实践来看，除 pH 值合适外，基质土壤黏质和颗粒等土质状况差异，对育苗成活率影响悬殊。如图 3-8 所示，左边采用粉碎、配制后基质，质地细腻，扦插成活率和茶苗质量较高，而右边自然土基质颗粒过大、砂质严重，茶苗生长质量较差。

（五）生长保障物资

1．肥

腐熟菜饼和复合肥在苗床整理前施入作基肥，磷酸二氢钾等在茶苗扦插后至茶苗发根阶段使用，而后可使用溶解性好的复合肥、尿素或碳铵等促进生长。

2．水

茶树育苗对水的需求，不仅在于供给的丰缺，也在于水质状况。山地水源质地差异最大的是水温，育苗供水旺季往往处在气温较高时期，如果采用

图 3-8　不同基质质地与茶苗长势

来自山涧或水库深层水源,水温与气温、茶苗树体温度相差很大,容易导致茶树生育受阻。

3. 农药

与茶园使用一致,分防病、虫、草等三类农药(详见第五章)。

二、建立圃地

(一)选择地段

适用育苗的圃地要求地势平坦、水源充足且排灌方便、交通便捷;土质要求肥沃、轻黏轻砂质的酸性土,前作未曾栽培麻类、烟草、蔬菜等易致病虫作物,或未曾作过堆沤肥、燃草木灰、石灰等用地;地段最好选择在年活动积温 4800℃ 以上热量充足的山谷台地。积温低的区域因冬季绝对温度低、生长季节短,不太适宜育苗;沿海平原稻区则因土质不适而不宜建圃。

(二)圃地规划

苗床畦面宽 110～120cm、沟面宽 25～35cm、床长 20～30m、床高 10～15cm,但在实际操作中,苗床高度要根据圃地旱涝情况进行调整,床长则根据地形调整。苗圃四周应留出排水沟、贮水池和道路。

(三)圃地整理

清理前作基础上,撒施基肥,然后全面翻耕,按要求规格整理床基。苗施腐熟饼肥150～250kg,并配施40kg复合肥或过磷酸钙。整理时要注意两点:一是如施用未充分腐熟菜饼作基肥,一般应在扦插前一个月提前施入土地并翻耕入土,尽量不用畜禽粪栏肥;二是床基面宽比上述设定的苗床规格宽10cm,高度低3～5cm,这样在加上基质土后,建成的苗床床面才符合要求。

(四) 平整苗床

苗床在竖直剖面上分为上下两层,下层为苗圃土壤,上层为增加基质,厚度约2～4cm,亩用土约20～25m³,铺匀后用木板稍作压实。根据各地实践,苗床有平面苗床和凸面苗床两种模式(图3-9)。

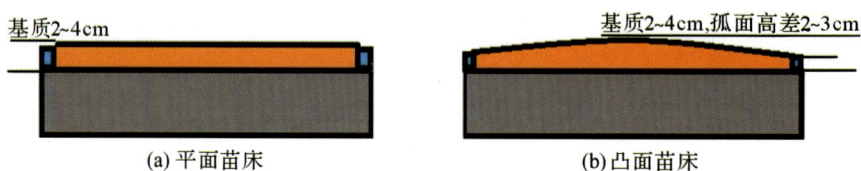

图3-9 苗床模式垂直剖面图

平面苗床:适用于土质疏松、不易积水区域应用。加入基质时,苗床四周用竹片加栏,也可在加入基质、平整后用苗圃泥土护床。

凸面苗床:横断面呈中间高、两侧低的弧面形苗床,高差为2～3cm,适合土质黏性大、易积水区域应用。基质填充方法与平面苗床一致。

苗床平整后,为提高扦插效率和规则性,扦插前进行床面划痕(图3-10)。

三、剪穗

(一) 采穗

生长季节的穗枝三分之一呈褐棕色时,可开始剪穗扦插。6—9月,由于茶树处于旺盛生长过程中,茶枝往往偏嫩,为了提高枝梢剪穗量,可在采穗前一星期进行打顶处理。打顶后穗枝应及时剪取,防止侧芽萌展。

(二) 保湿

从母树上剪下的穗枝,应放在阴凉潮湿的地方,防止水分过度散失,以叶片挺拔似生长状态、叶面不渍水为水分保持的合适程度。最好做到当天剪穗,当天扦插。远距采穗时,从采穗到插完不要超过3天。

图 3-10　苗床扦插行划痕

（三）剪穗

应选取叶片完整无损、芽眼饱满、健壮而嫩度合适的枝梢；每穗带 1 个饱满腋芽和 1 枚完整叶，穗长 2.5～4cm；1 个节间剪取 1 穗，节间太短时则剪 2 节成 1 穗；剪口要求平滑，剪口面与叶片保持平行，芽上方留 3～5mm（图 3-11）。

图 3-11　剪取插穗

插穗剪取有四种方式,依次是1叶1节、1叶2节、2半叶2节、1叶带侧枝(图3-12)。当一个节间长度足够时,采用1叶1节的短穗;当一个节间长度不足时,采用1叶2节、2叶2节的短穗,但留2叶的应剪去部分叶片;当侧枝已萌发时,可将侧枝保留一个芽眼剪取。短穗忌节间过短过长,短于2cm、长于4cm时,会影响扦插成活率或增加扦插难度。同时,插穗长短也与土质有关,苗圃土壤砂性大时,插穗应取穗长标准上限,而黏性大时,取穗长标准下限。

图 3-12 不同规格插穗

四、扦插

扦插规格以行距7～10cm、株距2～3cm、叶片重叠不超过20％为适度,每亩插穗18万～22万枚,视叶片大小调节。一个熟练工每小时剪穗数量约为0.75～1kg或插穗600～800枚。每亩剪穗、扦插用工70～80工,约占总用工量的70％～80％。

插前先将畦面喷水湿润软化,待泥土不黏手时,没划痕的插行,逐株将穗斜插入土中,随手用指压入穗部泥土。插后叶面与地面呈30°角斜度为宜,深度以叶柄触及泥为止(图3-13)。

扦插应做到边插边浇足水,夏秋还应做到边插边遮阴,10月中下旬后至春茶前扦插可直接覆盖薄膜或遮阴网(图3-14)。为减少扦插劳动强度,保证插穗新鲜度,夏秋高温季节一般在上午10时前或下午3时后进行扦插。

图 3-13　插穗方法　　　　　　　　　图 3-14　插后喷水

第四节　苗圃管理

　　苗圃管理水平左右着茶苗成活率和出圃率高低。不同时期扦插的茶苗在不同生育阶段所涉及的各项生态、生理要素不同,管理上应区别对待。

一、茶苗发育周期

　　短穗扦插育苗时,从插穗扦插到发育成符合标准要求的茶苗,可分两个阶段:一是形成完整植株前的插穗状态,二是完整植株发育成合格茶苗。

　　第一阶段是育苗周期中至关重要时期,关系到扦插成活率。它又可分为两个小阶段,一是插后到白化叶返绿、发根、萌芽阶段,二是形成完整植株、第一轮生长结束的阶段。插后时间越前,管理越要精细。

　　第二阶段在苗圃管理技术上也可分为两种情况,一是在高20cm以下时,全面促发茶苗生长势的阶段;二是对苗高超过20cm后,实行控强苗、促弱苗的管理方法。后者主要是夏插、早秋插苗和冬、春、梅插的第二年留存苗,因茶苗育苗周期长,生长量大,植株相互争夺养分、空间,往往导致产生大量弱势苗甚至死亡。为提高育苗出圃率和茶苗质量,第二阶段管理中采取修剪、打顶方法控制优势苗。

二、茶苗阶段发育特征

　　以上所述从扦插到出圃的各个阶段,插穗、茶苗具有明显的阶段发育特征。

59

1. 插穗萌芽、发根前阶段

这阶段只是一个不完全的生命体,其生命状态的维持完全依赖于插穗自身和外界生态状况。就白化茶插穗自身来说,白化程度和花蕾是影响插穗发育的两个重要因素;白化程度因扦插时期不同,有着很大差异。生长季节扦插时,高度白化插穗在插后一周到十天能快速返绿,并具备高效光合效能;但休眠季节高度白化插穗返绿缓慢,光合效率低,生存能力弱,往往在萌芽前已经死亡。图3-15上排是2013年12月上旬扦插的插穗,左起第二、三叶(黄泛白色)在一个半月后出现局部枯死,到2014年4月上旬萌芽时已完全死亡,第四个插穗在4月上旬出现局部枯死,其余插时绿色程度高的插穗全部成活良好。

图3-15 不同白化插穗成活情况

秋季插穗一般来自一、二轮新梢,插后生殖生长往往优先发育,这就导致插穗体内营养全部消耗过大,影响插穗发育态势(图3-16)。

2. 萌芽、发根到第一轮生长休止时期

这一阶段依赖于外界生态而生存,水分、温度等对其发育的影

图3-16 花蕾对插穗发育的影响

响巨大。发根、萌芽后,若不能顺利完成完整植株,则茶苗会受到很大损伤,秋插苗最容易出现这种情况。秋插的插穗在初冬时分,遇气温升高或覆盖过早往往会萌发新芽,而后又因低温被迫中止生长或受冻,导致死亡或翌年后续生长受挫;严冬季节,扦插层土壤因低温冰冻膨胀而变松时,往往导致茶苗幼根受损或离土,无法吸收水分而失水,最终大批死亡。

3. 株高小于 20cm 时期

从完整植株形成到苗高 20cm，大约需要一、二轮生长季节。这时茶苗基本只有一个主梢，茶苗相互之间争夺空间、养分的程度较轻。冬、春、梅插苗发育不佳时，往往到秋后也不会发生空间拥挤、竞争现象，这类苗的管理重点是提高其生长势。

4. 株高大于 20cm 时期

这类苗多数发生在夏、秋插或二年生留存苗。扦插成活率大于 70% 的苗圃就容易发生壮、弱苗相互竞争问题，从而壮者趋壮、弱者更弱。这阶段苗应通过控梢措施，控制苗高，促发侧枝，形成低矮、粗壮的优质苗。

三、周期管理

不同时期扦插的茶苗所处的生态条件不同，苗圃管理侧重点差异较大。周期管理要点见表 3-5。

四、要素管理

苗圃要素管理涉及水分、光照、温度、肥料、病虫草害防治、苗体调控等。不同时期扦插的茶苗要素管理各有侧重。由于要素之间是相互联系和相互制约的，因此在管理上应注重协调。

（一）水分管理

1. 水分影响与管理重点

水分供给要适度。在育苗中，水分供应过量现象往往多于供应不足现象。水分供应过量，导致插穗或茶苗腐烂、落叶而死，这在微喷灌系统灌溉的苗圃中更容易产生（图 3-17）；当水分供应不足时，未形成完整植株的插穗成活率会大幅降低，而完整植株的茶苗容易导致茶苗发育不旺，弱苗长势

图 3-17　水分过多插穗、幼苗地下部分腐烂或落叶死亡

表 3-5　白化茶短穗扦插育苗周期管理模式

插期	要素	周年管理 1月	2月	3月	4月	5月	6月	7月	8月	9月	10月	11月	12月
春前插	光照					覆盖遮阴							
	温度		覆膜保温										
	水分		畦沟水分控制		定期供水		不定期供水、排涝						
	营养		低浓度液肥			正常浓度液肥							
	病虫草		病虫草害防治										
	其他										出圃		
梅插	光照						覆盖遮阴						
	温度						覆盖遮阴						
	水分						定期、不定期供水、排涝						
	营养						定期低浓度液肥			不定期液肥			
	病虫草						虫草害防治						
	其他										出圃		
夏插	光照		翌年覆盖遮阴					当年覆盖遮阴					
	温度		翌年覆膜保温									当年覆膜保温	
	水分				翌年不定期供水		当年定期供水、翌年不定期供水						
	营养				翌年适量供肥		当年低浓度液肥						
	病虫草		翌年病虫草害防治				当年病、虫防治						
	其他									翌年出圃			
秋插	光照		翌年覆盖遮阴							当年覆盖遮阴			
	温度		翌年覆膜保温									当年覆膜保温	
	水分		翌年不定期供水							当年定期供水			
	营养				翌年适量供肥					当年低浓度液肥			
	病虫草		翌年病虫草害防治							当年病、虫防治			
	其他									去蕾、翌年出圃			
冬插	光照		翌年覆盖遮阴									当年覆盖遮阴	
	温度		翌年覆膜保温									当年覆膜保温	
	水分		翌年不定期供水										
	营养				翌年适量供肥								
	病虫草		翌年病虫草害防治							去蕾、翌年出圃			
	其他												

更加弱化,无法正常出圃。

在育苗周期中,扦插后至茶苗第一轮新梢生长休止时期,是苗圃水分管理的最重要阶段。深秋至春前扦插的苗圃在冬春覆膜期往往很少供水;其他季节扦插的,除当季保证水分供应外,要特别注意春季揭膜后至春梢成熟前、夏秋高温期间等两个时间段的水分状况。

2. 水分调控方法

水分供给分为喷雾、灌水两种方式;根据育苗阶段采取定期供水和不定期供水;多雨季节则要及时排涝防渍。

喷雾。梅插、夏插、秋插育苗在扦插后、冬春插苗圃在揭膜后至发根前,应定期喷雾灌溉,以保持土壤湿润、插穗叶片不失水为度,宁少勿多,防止床面泾流。一般晴天时一天1~2次,阴天一天1次,雨天不喷。各类苗圃在发根后,掌握土面不干不浇水,逐渐过渡到不定期供水。

灌水。扦插后立即覆膜的晚秋插苗、冬插和春插后至揭膜前,或已形成完整植株的扦插苗,当遭遇持续晴天圃地出现干枯缺水时,可通过畦沟灌水来提高圃地水分含量。但地段高低不平的苗圃,无法通过畦沟灌水来实现,应加大喷雾水量,做到一次性湿透苗床。

排涝防渍。主要在阴雨天持续时,及时排去畦沟地表水;对床面低陷区块,特别是因基质层黏性过大时,应控制水分供应。采取喷灌系统灌溉的苗圃应防止连续喷灌对茶苗造成水渍伤害(图3-18)。

图3-18　喷灌溅水导致茶苗局部死亡

(二)光照

1. 光照影响及管理重点

适宜扦插育苗的光照大约在3万~6万lx,即自然光照的50%左右。

63

自然光照育苗，往往会造成茶苗大量死亡。高温季节育苗，一定要采取遮阴减光措施，防止光照过强；冬季和阴雨天则要防止遮阴过度。除扦插当季外，夏秋期间持续 35℃ 以上高温天气、扦插第二年春茶后气温骤升到 25℃ 以上的晴天，是遮阴的关键时期。

2. 光照调控方法

夏季扦插采用单层遮光率 70％ 黑网或双层 50％ 黑网遮阴，其他季节用单层 50％ 黑网遮阴；10 月后至翌年春茶初期覆膜后，上加 50％ 单层网固定。采用平面棚架覆盖遮阴时，可采用距床面高 70cm 的低棚和 1.6m 左右高度的高棚。遮阴棚越高，遮阴效果越好，但采用平面棚架的，冬季保温需再搭拱棚，较为麻烦。

光照敏感型白化茶在育苗周期中往往长期采用遮阴网覆盖。揭网一般在高温干旱结束后的 8 月底。夏秋控梢修剪时，要防止剪后强光直射导致的叶片灼伤(图 3-19)；梅插茶苗，如遇连续晴热天气，应采取"炼苗"办法，即揭半天、盖半天，持续一周左右，防止茶苗发生叶面灼伤、嫩梢枯死或全株死亡等现象。

图 3-19　茶苗控梢修剪后叶面灼伤现象

（三）温度

1. 温度影响及管理重点

主要是冬春季节低于零度的冻害和夏季 35℃ 以上高温管理。冬春季低温降到零下 2℃ 时，苗床表层土壤会因结冰膨化变松，根周微生态产生重大变化，导致扦插苗根系或愈伤组织生理受阻或死亡；而初冬覆盖薄膜过早，棚温过高，往往会促发茶芽萌发。这些茶芽容易因随后出现的隆冬低温而受冻死亡，或因随后进入休眠期而无法进行正常生理活动，翌年生长明显受抑（图 3-20）。夏季高温往往与水分、光照共同作用，构成对茶苗发育的影响。

图 3-20　低温受冻的萌展幼芽

2. 温度调控方法

实践证明，冬春间采用农膜覆盖可以有效地避免低温冻害，提高成活率；钢管大棚由于棚内容积大，抵御低温影响的作用要明显好于小拱棚。

夏秋插苗圃在气温降到冰点时开始覆膜，深秋和冬、春插苗圃应随插随覆；覆膜后加盖遮光率 50% 的遮阴网，防止棚内气温骤变和大风侵袭等影响。冬季气温可能达到零下 5℃ 以下，钢管大棚里应及时加盖小拱棚覆膜；覆盖期间遇气温较高时，一般开启拱棚两端或两侧，防止棚内气温过高。

一般在气温稳定通过 10℃ 的 4 月中旬揭膜，期间应防止突发性高温对茶苗的损伤（图 3-21），揭膜后仍保留遮阴网。

图 3-21　春季突发高温造成大棚外侧茶苗死亡

夏季高温调控主要通过水分和遮阴来调节。当年扦插苗，两者缺一不可；上年扦插苗，夏季结束后，已有较强的抗旱抗高温能力，非持续干旱一般不用遮阴，但水分应予以保证。

（四）肥培

1. 肥培影响及管理重点

肥培水平对茶苗的影响显而易见，育苗周期越短，肥培越重要。夏、秋插茶苗，由于周期长、生长量大，在不采穗情况下，第二年春梢生长休止后就进行肥水控制，以免茶苗生长过盛；而冬、春、梅三季扦插茶苗，由于希望当年出圃，必须加强肥水供应，提高茶苗生长速度。

2. 肥培管理方法

梅插扦插一个月后、冬春插苗在揭膜后，可结合浇水喷施 $0.2\%\sim$ 0.5% 磷酸二氢钾叶面肥，每周喷施一次，至新根长至 5cm 以上并形成第一次根群时；或第一轮新梢休止起改用 $0.5\%\sim1\%$ 尿素或复合肥浇施，每月一次，直至新梢生长休止。

（五）病虫草害防治

1. 病虫草害影响及其重点

圃地虫害主要有假眼小绿叶蝉、叶螨类、黑刺粉虱等，病害有炭疽病、轮斑病、褐斑病、白绢丝病（图 3-22）等以及生理障碍，草害有半夏、水花生、马唐、狗尾草等禾本科杂草。茶苗形成完整植株前防病最为重要，夏秋期间防虫、除草工作相对繁重。

图 3-22　白绢丝病发生初期症状

2. 病虫草害防治方法

一般在秋后覆膜前应喷施多菌灵、托布津等药剂进行预防；其他时间病虫害防治基本原则是，不造成较大影响危害不进行施药；生理性障碍主要发生在扦插当年多湿条件下的死亡和第二年高温条件下的猝死、灼伤及生长受阻，应通过调节水分、光照等措施来控制。

除草是育苗中最繁重的管抚任务。苗圃杂草种类多、生长量大，防治须勤。单子叶植物可用稳杀得等选择性除草剂来除治；双子叶植物则需通过人工除草手段。茶苗幼小时，苗床中的杂草应用剪刀剪除，避免手拔带起茶苗，畦沟中杂草可进行削除。

（六）其他管理

1. 去蕾

秋插、夏插、冬插采用含蕾穗枝，插后花蕾会优先发育，影响茶苗后续发育（图 3-23），因此应优先选择无蕾穗枝。采用含蕾穗枝，除了剪穗时摘除花蕾外，扦插后一个月应及早剪去插穗的花蕾。

图 3-23　插后花蕾发育情况

2. 控梢

夏秋插和二年生留存茶苗，由于经过一周年生长，茶苗生长量大，因争夺营养和空间，优势苗因株高、基部落叶，弱势苗因得不到营养供应而处于生长受抑状态，从而影响整体出圃率和茶苗质量。因此，一般在春梢生长休止后的 5 月底至 6 月初、苗高 20cm 以上时，离地 15cm 进行修剪或打顶，平衡茶苗质量，促发优势苗分枝，为弱势苗创造发育空间。图 3-24 左所示，上年留存苗在夏季修剪后，萌发出 6 个侧芽数，右边秋插苗在 9 月初修剪后，侧枝均在 2 个以上，高度 30cm，而未剪茶苗高度达 50cm，茶苗差异明显。

通过控梢,一般茶苗高度控制在 30～40cm,优质茶苗出圃率可达到 90％以上。

图 3-24　控梢对茶苗发育的影响

六、起苗出圃

若苗圃干涸坚实,则应在起苗前一天对苗圃灌水,以土壤湿润松软为宜,同时要排去行沟积水。起苗时宜用锄头逐行开掘,避免直接手拔;然后逐株选取规格苗,截去茶苗过高部分;以 100 株为一小捆绑扎,再将 5 或 10 小捆绑扎成大捆。远距离调运时,采用套袋保湿(图 3-25)。

图 3-25　截顶和套袋的御金香茶苗

第四章 茶园建设

光照敏感型白化茶具有相对广泛的适栽性,但不同品种所要求的生态条件有着较大差异。建立光照敏感型白化茶园时,应充分考虑光照敏感型白化茶品种特性,选择良好适宜环境,为优质高产高效奠定茶园基础。

第一节 茶园条件

茶园条件既包括茶树生长的适宜生态环境,也包括产品质量安全要求的生态要素和经济环境。

一、适生生态

(一) 气候生态

1. 气候要求

气候生态包括光照、气温、降水量等气象要素。光敏型白化茶气候生态基本规律是,光照是白化表达的决定因子和特殊要素,而气温、降水量能促进或抑制光照对茶树生理的影响;茶树适生指标范围与白化程度相关,种间差异显著;随着白化程度的提高,适生指标范围渐趋缩小,生理极限指标趋于苛刻。

表4-1是构成不同叶色光照敏感型白化茶生理极限的三类参考指标。其中低温、高温/强光的影响效果以持续48~72小时计算,干旱影响对象为三龄以下幼龄茶树。总体上,不管是幼嫩芽叶还是成熟叶片,随着白化程度的提高,茶树生理承受指标范围缩小,抗逆能力下降;叶色与常规茶树接近的绿色、黄绿色茶树,其抗逆性也略为相等,而最大白化程度的黄泛白色生理障碍承受值大幅低于绿色叶,对黄金芽家系的影响显得更为明显。

2. 气候区域

我国四大茶区的年活动积温大于3500℃、雨量大于1000mm,基本适宜于光敏型茶树栽培。

表 4-1　各种系不同叶色的生理极限生态参考指标

品种	生态要求	生理影响	绿色	黄绿色	黄色	金黄色	黄泛白
黄金芽家系	低温(℃)	成叶枯焦	−10	−8	−5	−3	−2
	高温/强光(℃/万 lx)	嫩叶灼伤	40/12	37/10	35/8	30/6	27/6
	干旱(天)	全株枯死	>30	30	20	15	7
御金香	低温(℃)	成叶枯焦	−10	−8℃	−8℃	−5℃	−4℃
	高温/强光(℃/万 lx)	嫩叶灼伤	40/12	37/12	35/10	35/10	30/8
	干旱(天)	全株枯死	>30	>30	/	/	/

江北茶区。年活动积温 5200℃ 以下,极端最低气温低于−10℃,年降雨量 1000mm 左右,干燥指数 0.75～1.0。该区域栽培光敏型白化茶时,容易发生冬季冻害,年活动积温低于 4500℃ 以下区域,应采取与常规茶树相似的越冬保护栽培措施。

华南茶区。年活动积温 6500℃ 以上,极端最低气温低于−3℃,年降雨量 1500mm 以上,干燥指数小于 1.0,属于水热资源丰富地区。该区域生产的常规品种绿茶苦涩味较重,而光敏型白化茶高氨低酚特点恰恰可以改善绿茶滋味品质。该区域栽培时,主要关注光照过强问题,采取套种、遮阴来提高栽培效果。

江南茶区。年活动积温 4000～6000℃,极端最低气温低于−8℃,年降雨量 1000mm 以上,水热资源年间分布相对均匀。该区域在栽培光敏型白化茶时,积温偏低区域应防止冬季受冻,黄金芽家系茶园布局避免光照过强。

西南茶区。年活动积温 5500℃ 以上,极端最低气温低于−3～−8℃,年降雨量 1000～1400mm,干燥指数小于 1.0～0.75,是水热分布相对不均区域。该区域存在的干、湿季气候特征对部分光敏型品种栽培是严峻考验。

(二)土质生态

对光敏型白化茶来说,土质主要涉及茶树生长势,而对白化相关性很小。

1. 壤质土

分红壤、黄壤和棕黄壤等类型。这类土壤上 pH 值合理,有机质含量较高,水土保持性能好,是光敏型白化茶栽培的理想土质,对御金香和黄金芽家系均很适合,容易实现高产优势生产。

2. 砂质土

山地砂质土也是适合白化茶栽培的理想土质。选择砂质土栽培白化茶时,要求 pH 值小于 6.5、土层深度 80cm 以上,同时要求水源充足。栽培上应增加肥力、水分供应,确保树势。种质比较而言,更适合御金香栽培。

3. 粉黏土

分粉质土和黏质土。这类土颗粒细微、质地贫瘠、容易板结,通透性和保水能力差,即使 pH 值合理,茶树生长发育也易受制约。因此,尽量避免种植。

(三)地形生态

茶园地形包括海拔、坡度和坡向,构成光敏型白化茶生长的光温水土等生态差异和生产操作便利程度。因此,建立优质茶园时必须慎重对待。

1. 海拔

选择原则是与地理位置、光热条件相反,即在合适区域内,越向南方,应选择高海拔,越向北方,则选择低海拔区域,从而满足白化茶生长所需的光温条件。

2. 坡向

种系不同,坡向要求不同。黄金芽家系在南方温热区域,原则上应尽量选择日照量少、气温相对较低的东北坡向地段,北方和高山易冻区域在选择东南坡向温暖山地建立茶园的同时,要采取减光栽培措施;御金香茶在南方温热区域,在其他生态合适前提下,可选择东、南、西坡向山地,在北方和高山易冻区域,则选择东南坡向温暖山地开辟茶园。

同一山体山谷地和山脊地的微域生态差异往往极为明显,不仅在于光热水状况不同,也因长期自然演化,导致土壤质地差别很大。山谷地的光热量、温差相对较小,水分供应充足,土质深厚肥沃,而山脊地正好相反。品种布局时,可考虑在山谷区段种植抗逆性弱的黄金芽家系品种,山脊区段种植树势强盛、光照量要求大的御金香。

3. 坡度

坡度 15°以下的缓坡山地是茶叶种植的理想地段;坡度 15°~25°的山地,应采取梯田茶园的方式;25°以上区域,根据国家有关法律规定,严禁种植茶树。

由于自然山体复杂性,同一坡面往往出现旱涝不一的地质差异,泉眼周边山地、低洼地往往存在积水,影响茶树生长发育,并随树龄增大趋于严重,最终导致茶树生育受阻或死亡(图 4-1)。

图 4-1 低洼地段茶树冬季生理障碍状况

二、绿色安全生态

绿色安全生态是指符合无公害茶、绿色食品、有机茶等茶叶质量安全要求的茶区、茶园条件,包括三个层面含义,一是指该区域生产的茶叶符合人类健康要求的质量安全状况,二是指该区域符合茶树生长的环境质量,三是生产造成的环境污染在可持续发展范围。

质量安全内容包括农药残留、重金属、有害微生物等,来源复杂,涉及面广,动态性强。这些物质有的来自大气、土壤、水质等生态环境,有的来自施肥、植保、采摘、加工、贮藏、运销等生产过程,交通道路、工矿企业、居民生活区附近和混栽作物区也容易对茶叶生产带来生态不利影响。因此在茶园选址、种植管理、加工贮运等过程中,既要避免可预见因素,也要考虑不可预见因素影响。

根据农业部颁布的《无公害食品茶叶》、《无公害食品茶叶产地环境条件》等标准,无公害茶产地除能满足优质高效和可持续发展等生态要求外,同时应选择在远离污染源、环境相对独立、且对可能造成的污染容易控制的区域种植。茶园及其周围一定范围内的土壤、水质、大气必须符合以下技术指标。

(一)土壤质量要求

土壤中所含的镉、汞、砷、铅、铬、铜元素能通过根系吸附进入到茶树体内,超过一定标准时,影响茶叶质量(表4-2)。

表 4-2　无公害茶园环境土壤质量标准

项　　目	浓度阀值	备　　注
pH 值	4.0～6.5	重金属和砷均按元素总量计,适用于阳离子交换量>5cmol(+)/kg 的土壤,若≤5cmol(+)/kg,标准值为表内数值的半数
镉(mg/kg)	≤0.3	
汞(mg/kg)	≤0.3	
砷(mg/kg)	≤40	
铅(mg/kg)	≤250	
铬(mg/kg)	≤150	
铜(mg/kg)	≤150	

（二）灌溉水质要求

水中所含有害金属元素及其化合物,对茶叶质量可能造成不可忽视的影响(表 4-3)。

表 4-3　无公害茶园环境灌溉水质标准

项　　目	浓度阀值	项　　目	浓度阀值
pH 值	5.5～7.5	铬(六价)(mg/L)	≤0.1
总镉(mg/L)	≤0.005	氰化物(mg/L)	≤0.5
总汞(mg/L)	≤0.001	氯化物(mg/L)	≤250
总砷(mg/L)	≤0.1	氟化物(mg/L)	≤2.0
总铅(mg/L)	≤0.1	石油类(mg/L)	≤10

（三）空气质量要求

大气中所含总悬浮颗粒物、SO_2、NO_2 和氟化物,能直接影响鲜叶清洁卫生程度,间接地影响茶树生育,或通过复杂生化、物理过程使茶叶内含物产生不利变化。无公害茶园环境空气质量标准见表 4-4 所示。

表 4-4　无公害茶园环境空气质量标准

项　　目		日平均浓度	时平均浓度
总悬浮颗粒物(标准状态)(mg/m³)	≤	0.30	/
二氧化硫(标准状态)(mg/m³)	≤	0.15	0.50
二氧化氮(标准状态)(mg/m³)	≤	0.10	0.15
氟化物(F)(标准状态) (μg/m³)	≤	7	20
氟化物(F)(标准状态) [μg/(dm³·d)]	≤	1.8	/

三、经济条件

随着社会、经济结构的变化,以名优茶为主要经营目标的劳动密集型茶业受到了极大冲击。劳动力成本高、劳力紧缺已成为制约茶业发展的重要因素,劳力紧缺不仅仅体现在采摘劳力,也蔓延到了茶园管理劳动力。因此,在茶园建设中既要考虑立地条件、绿色生态要求,还要考虑到茶区地理因素、经济环境及周边劳力状况。"高山出好茶"是茶叶生产的普遍规律,但当周边市场购买力低、交通不畅时,建设新茶园就难以达到预期经济目标。茶场附近劳动力充裕,能确保生产能按季及时开展,不误农时和产品上市有利时机,最大限度地降低生产成本;当周边连茶园管理劳力都缺乏时,表明该区域已经不适宜开展茶业经营。

第二节　茶园垦建

建立新茶园时,应在生态、质量安全、市场、劳力等要素可行性分析论证基础上,从选址、选种、布局、垦园到种植,进行科学规划,力求高起点、高要求。

一、园址选择

光照敏感型白化茶的白化表达程度、树势与生态环境紧密相关。应在考虑区域生态、地理、质量安全等茶区大环境前提下,根据不同品种特性因地制宜选择园址。黄金芽家系、御金香等两大种系最重要的特性是白化生态习性、物候期,这是茶园选址的重要基础依据。黄金芽白化萌芽期早,光敏点低,畏强光照,抗逆能力弱,应按坡向从阴、土质从肥、水分从丰的条件优先选择;御金香萌芽期迟,白化光敏点高,喜强光,抗逆能力强,可布局种植在阳光充足、肥水条件差的地段。这样,做到两者各取所需,扬长避短。

图 4-2(A)是山地俯视平面示意图,红线圈内为东北坡向山地,

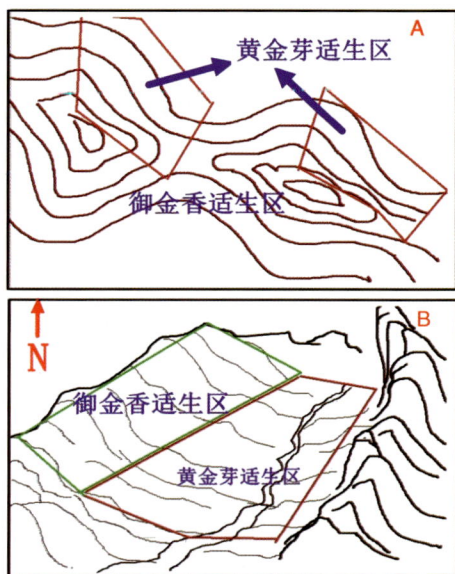

图 4-2　不同品种适宜地段布局图

光照量相对较少,适宜种植黄金芽家系种;红线外其他地段光照相对充足,适宜种植御金香;图 4-2(B)是纵深狭长、两侧山峰高耸的山谷示意图,红线圈内是山腰以下山溪谷地,适宜种植黄金芽家系,而绿线圈内山腰以上坡地适宜种植御金香。

二、清山去杂

分垦前清山和初垦后清园。

垦前清山,要求清理柴草、树木或前作等地上部分,先采集有价值树材,后清除柴禾杂草。为防止森林火灾发生,禁止直接放火烧荒。垦前清山是提供园区规划布局清晰地貌形态的必要步骤。

初垦后清园,要在全面清理出石块、树草杂根的同时,留足砌坎备用物。坡度 15°以下山地,可将蔓延性弱的树桩、草块清理到合适位置,砌成小坎,建成宽幅斜坡,减缓坡度;坡度 15°以上山地,则用石块砌坎。

三、园区规划

园区规划方法是,概念性方案在计划落实阶段提出、清山前确定,而勘划布局方案在清山后、初垦前确定。园区勘划布局主要考虑道路、排灌、防护林、园区内茶行走向等内容。

(一)道路

分干道、支道和园道。

干道为连接茶园与公路的道路,有效路面宽不小于 4m。设置干道应同时考虑路旁植树与排灌沟渠。

支道是连接干道的园内运输通道,有效路面宽不小于 2.5m;路程较长时应间隔一定距离设置交通岛,同时考虑路旁植树与排灌沟渠。

园道为生产用的操作道,亦称地头道,宽 2m 左右,一般设立在山脊线、山谷线及茶行纵横的分隔线。

(二)排灌沟渠

茶园排灌系统要求有拦截和分流地面泾流水、排泄地下积水,利于灌溉和蓄水抗旱等功能,达到减少雨水冲刷、保持表土、防止积水、优化园土、方便灌溉、蓄水抗旱等目的。一般应设拦截沟、分流沟、蓄水池。

拦截沟分横向水平沟和隔离沟等两种。前者主要是防止坡地茶园的雨水等地表水直漫、冲断茶行,减少园土流失;后者同时具有防止茶园周边植物根系侵入茶园的作用。隔离沟宜深而宽,园内横水沟可结合道路设置。一般要求每隔 10~14 行茶行设一横水沟,沟深 20cm、沟宽 30cm 以上。山区台地、梯田茶园的横向水平沟主要是园地内侧的排水沟，重点防止地下水过高而影响茶树根系生长，水沟深度至少30cm以上。

分流沟为纵向水沟，一般设在山谷处或低谷处（图4-3），与拦截沟相连，沟深于横沟。在坡度较大的山地，分流沟宜采取"S"型或阶梯式，以减缓水流速度。

不管是拦截沟还是分流沟，每隔3～5m设一积水坑，以沉积泥沙、缓冲水势。

图4-3　茶园纵向水沟设置示意图

如条件许可，山地茶园中多建蓄水池，对日后茶园灌溉会起到事半功倍的作用。在水沟汇集处，每20～30亩茶园建一个蓄水池。

（三）防护林

防护林对于高寒茶区尤其是黄金芽家系茶园具有极其重要的意义。根据所处园地环境和茶园类型不同，防护林按功用分防寒、防灼、防风、防尘等。高寒易冻、风急地段，茶园防护林重点是防寒、防风，以利抗冻；茶行间合理种植树木，主要起到防灼作用；公路两旁的茶园周边防护林主要是起防尘、防污等隔离作用。

1. 园周防护林

种植在隔离沟外、茶园山脊线、山谷线、茶园干道、干渠两侧、支道单侧（图4-4），也可视情况在地头道和行间种植。高山、公路两侧的茶园四周一般种植2～4行，特别容易受冻的高山迎风面防护林分隔宽度在20～30m，树种选择以立体分布密度高的常绿乔木为主，如樟树、柏树、桂花等；不会严重受冻的低山地段或美化目的的防护林可适当降低种植密度，种植1～2行即可，树种可选择常绿或落叶树种，如樟树、柿树、檫树、银杏等（表4-5）。

2. 行间防护林

主要起到防灼、遮阴等作用，种植的行、距株以不影响茶树生育为度，提倡狭长带状格子式茶园布局，一般每隔2～8行种植（图4-5），而后随树冠遮阴状况逐步删除过密部分，树种宜选择宽幅、病虫害少的落叶花木和果树树种（表4-5）。

表 4-5　浙江茶区茶园适宜种植的防护林树种

树种	生态类型	适应范围	主要优缺点	种植方式
日本扁柏	窄幅常绿乔木	高山除行间	分枝紧密	园周密植
柏树	窄幅常绿乔木	高山除行间	分枝紧密	园周密植
乐昌含笑	中幅常绿小乔木	高山除行间	分枝紧密	园周密植
苦丁茶	中幅常绿小乔木	高山除行间	兼采苦丁茶	园周密植
桂花	中幅常绿乔木	低山干支道	兼采桂花	稀植
银杏	中幅落叶乔木	茶园四周	兼采白果	稀植
柿树	宽幅落叶乔木	茶园四周	兼采柿子	稀植
檫树	中幅落叶乔木	除行间	兼用材	稀植
红枫	中幅落叶小乔木	幼龄茶园行间	兼作花木	隔多行稀植
樱花	中幅落叶小乔木	幼龄茶园行间	兼作花木	隔多行稀植
杉树	窄幅常绿乔木	低山茶园四周	防止落叶	园周密植
樟树	巨幅常绿乔木	远离茶园四周	冠幅过大	园周密植
板粟	中幅落叶乔木	四周、干支道	兼采果实	稀植

图 4-4　茶园周边的樟树　　　　图 4-5　茶园行间套种示意图

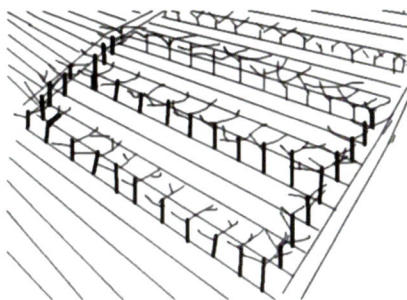

(四) 茶行布局

茶行布局有标准行、窄行等两种行距,行内又分双小行和单行等两种方式。在实际生产中,也会出现介于两种行距之间的布局方式和种植密度,但行距过窄会不能适应茶园机械化耕作要求。

1. 标准行布局

标准行布局是现代茶园普遍采用的布局方式,一般三年后茶园覆盖率能达到75%～85%的高产树冠形态,适合机采作业,并能满足较长时期内稳定高产水平所需的生长空间。标准行的行距宽150cm,长30～40m;行内采用小双行双株种植时,小行距30～40cm、穴距25～30cm,理论上亩种植茶苗 5500 株；单行双株时，穴距 20～25cm，亩种植茶苗 4000 株。标准行布局适用于所有光敏型白化茶种，其中黄金芽家系更适合小双行种植，原因是较高的茶树密度和覆盖率可以促进树冠下部返绿，提高幼龄茶园树势和抗逆能力。

2. 窄行布局

窄行布局指为提高茶园早期效益和土地利用率或适应树体矮小品种采取的缩小行距、增加密度的茶园布局方式，一般在第三年茶园覆盖率可以达到 80% 以上水平，短期内土地、光能等自然经济资源利用率可提高 20%，但种苗成本投入有所增加。从实践经验来看，行距宽 110～120cm 比较合理。行内小双行双株种植，小行距 30cm、穴距 25～30cm，亩种植茶苗 7000 株左右；单行双株种值时，穴距 20～25cm，亩种植茶苗 5500 株。窄行不考虑机采作业，茶行长度不作严格规定，只根据其他农艺措施适宜程度而定。

茶园布局时，平地茶园茶行设置比较简单，而坡地茶园要根据不同坡度进行适当调整，梯面宽度的计算公式如下：

$$梯面水平宽(m)=种植行数×行距(m)+0.6(m)。$$

坡地茶园在茶行勘划时应首先勘定等高基准线，按基准线结合园区道路、沟渠等设置进行分片、分区、分段的茶行划定，这样才能做到科学合理。不同坡度梯面宽度参考表 4-6。

表 4-6　不同坡度梯面宽度参考表

茶园坡度	梯面宽度(m)	标准行数	窄行数
<5°	10～20	6～13	8～16
5°～10°	7～13	4～8	5～11
11°～15°	5～7	3～4	4～6
16°～20°	3～5	2～3	2～4
21°～25°	2～3	1～2	1～2

四、园地开垦

垦园包括初垦、筑坎、复垦等工作。筑坎应在初垦后、复垦前进行，适用于山区梯田茶园；荒山或老茶园、老果园一般分初垦和复垦两次进行，草本作物熟地只需在清除残作后开垦一次即可。

(一)初垦

若山地坡度较缓，可由下至上进行全垦；若坡面较陡，则应根据等高线走向从基准线开始，由下至上逐层逐行进行带状开垦。初垦深度要求达到

40cm，开垦时把树桩、草根、石块清理到土面，留足砌坎的备用物后清出园外。碎土不必过细，而清杂务求完全。

采用机械化挖垦是茶园建设的可行之举，能起到提高效率、缩短时间、缓解劳力紧张矛盾等作用，地面复杂的山地采用机械挖垦效果更佳。机械挖垦作业前一定要科学规划，力争做到挖土、掘沟、建路、平整等一次完成；平整土地或挖掘梯地时，应做到表土留面、心土填缺。

（二）砌坎

砌坎或称筑梯，分三种类型，一是石坎梯地（图 4-6），适用于坡陡、水土流失严重地段；二是树桩、草块、石块混砌，适用于坡面较缓的多行宽幅非水平梯地；三是将成块草皮层层覆于坎外侧，形成简易泥梯，补充带状垦植中坡地损缺地段，适用于土壤黏性重、持土能力强的草皮（如狗牙根）丰富地区。

图 4-6　石坎梯田茶园

（三）复垦

一般深度掌握在 30cm 上下，复垦往往同时进行茶行布置、行沟整理（指施用有机肥为底肥时）等，坡地茶园应在茶园砌坎筑梯后进行。

第三节　茶苗种植

茶苗种植质量好坏,直接关系到茶苗成活率和成园快慢。

一、种植时间

白化茶苗全部是无性系茶苗,种植时间与成活率紧密相关。

传统的茶苗种植时间一般在生长休止后、冬季严寒期前后,分秋栽(9—11月下旬)和春栽(2—3月上旬)。两个时期的种植效果取决于当地地域气候和年间气候状况。地域气候关注重点是当地极端气温,年活动积温在4500℃以下、极端气温-5℃以下地段不适宜冬前栽种;把握年间气候,要看天行事,把握干冬湿春时宜春栽、湿冬旱春时宜秋栽的规律。秋季种植越早越好,9月初种的茶苗对根系发育尤为有利,可以大幅度提高成活率和翌年长势;春季栽种应在严寒结束后尽量提前,避免种植过迟遭遇春旱或植株萌展推迟。

梅季等阴雨持续季节是种植茶苗的理想时间,栽后茶苗成活率高、生长势好,树势甚至超过春前栽培茶苗。但这些时间段种植茶苗时,应有水源、防旱等栽后茶苗保障措施,同时应是近距离、带土移栽。

二、茶苗要求

确定种植品种时,要依据生态条件和茶业经营方向为基本思路,大规模基地建设时,应按照适栽适制、效益优先、突出主栽和合理搭配的原则,进行品种搭配;不同季节栽培时,宜选择不同种苗规格,休眠季节种植宜选择标准规格茶苗,生长季节种植宜选用低规格苗带土移栽。图4-7左是经过控梢的秋季规格苗,右是生长季节的茶苗状态。

茶苗应在种植前随种随起,尤其是生长季节茶苗,应当天起苗、

图4-7　不同茶苗规格

当天种植,保持新梢、根系不受损伤;休眠季节一般从起苗到种植不超过三天。

茶苗过高,种植后地上、地下部分不能保持生理平衡,容易造成死亡或生长势不旺。因此,高度超过 30cm 的茶苗应在种植前后进行截梢处理。采用柴刀或剪刀将茶苗保留 20~25cm,截去过高的顶梢部分(图 4-8)。

图 4-8　茶苗截梢方法

三、垄畦方式

除前述的茶行分标准行、窄行等种植密度外,还应根据茶园地形,采取不同行面方式。行面按高低不同分为三种垄畦(图 4-9)。

(一)凹行

凹行适用于斜坡茶园。开挖种植沟时挖出的土多数堆积于沟下侧,少数上翻;茶苗种植时,上侧土回填入沟覆土压实,下侧土堆积不动并用脚踏结实,茶苗种植沟低于外侧堆土高于行面不少于 5cm,这种方式可减少新茶园水土流失,提高当年茶苗抗旱效果和成活率(图 4-10)。

(二)平行

平行适用于水土流失不严重、园地积水不易的平缓坡或梯田茶园。在种植时直接开沟种植,覆土与园地土面持平或略高,在以后茶园管理中,两行中间开沟取土,覆于茶树两侧,逐渐形成高出土面的茶行。

(三)凸行

茶苗种植后茶行高于原土面。凸行适用于容易形成积水的山区台地或平原地段。种植前应先切出行沟,堆土于茶行中,然后再起沟种苗;种植后茶园种植沟外侧土应高出穴面10cm。

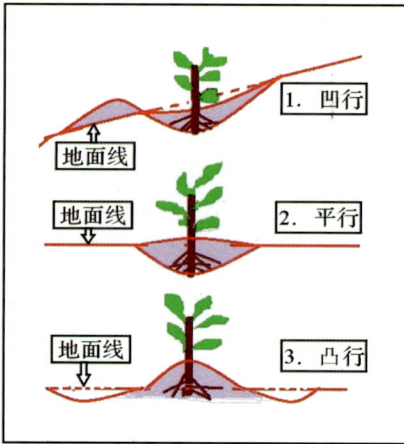

图4-9　茶苗种植行横断剖面示意图

图4-10　斜坡茶园种植行状况

四、开沟种苗

(一)分行开沟

坡地茶园原则上按等高线水平方向布行,平地茶苗则按排灌水顺畅方向布置。上述三种垄畦模式中,凸行应首先划行起沟,茶苗种植在行中间;其他两种只划行、不起沟,茶苗种植在划行线上,即用红绳定位后,沿绳开沟种植(图4-11左)。

施用有机肥作底肥时,复垦时进行挖沟、施肥,沟深30cm以上,底宽20cm以上,亩施入1500kg畜栏肥和100kg过磷酸钙或复合肥,施后覆土10cm以上,两侧多余的土待种植时处理;施用未腐熟畜栏肥,应在种植一个月前完成。不施底肥的种植沟深20cm以上(图4-11右),随挖随种,确保种植沟内土壤水分的充足。

挖沟比挖穴的茶苗种植质量要好。挖穴方式一般难以达到20cm以上深度,这样种植的茶苗扎根过浅,不利于种后茶苗成活率。除了少数水源充足地段可挖穴种植外,一般都应采取挖沟种植。

(二)布苗种植

挖好种植沟后,按种植密度依次排放于行沟单侧,再用两侧土逐株填土、扶正茶苗,再填土敲实;坡地茶园的茶苗应放在下侧,用上坡土填沟(图4-12)。

图 4-11　种植沟开挖及深度

图 4-12　斜坡茶苗布行及填土种植方法

（三）踏土护根

　　茶苗种植完毕后，茶苗入土深度不少于10cm，然后沿茶苗呈"八"字形逐株用脚踏实根周土壤（图4-13），这样才能确保根系与土壤紧密结合，保证种后茶苗迅速成活生长。

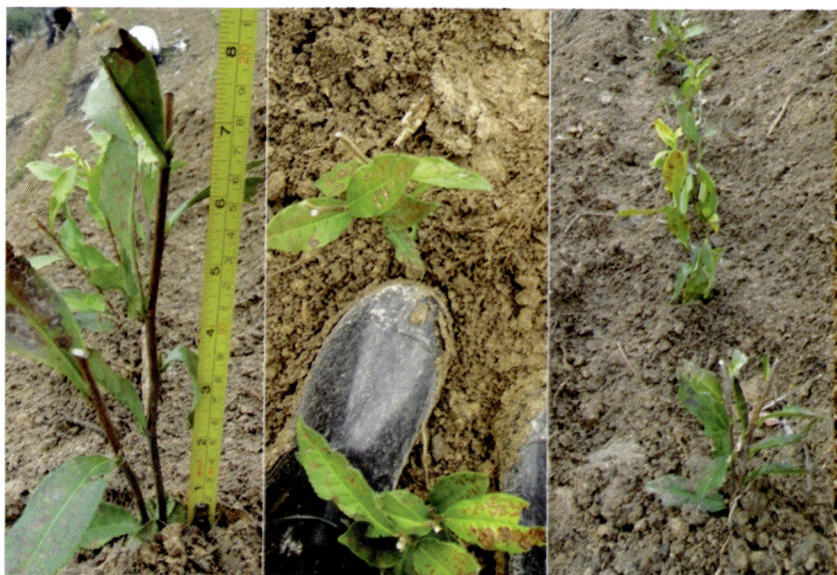

图 4-13　茶苗种植后状态及根周护土方法

五、护苗措施

为减少土壤水分散失和杂草萌发,确保茶苗良好成活率和生长势,有条件的地方提倡行面覆草、覆膜。覆草时,每亩用稻草 500~750kg,用泥土压在根间;覆膜效果明显好于覆草,覆后二三年,行面基本不用除草,黑膜的效果又好于透明膜(图 4-14)。

对于黄金芽家系品种来说,种植后一、二年进行遮阴是极为重要的保护措施。除自然光照不足全日照一半的深邃山谷、有上层植物遮挡的地段外,露地栽培均需进行遮阴保护,采用遮光率 50%的黑色遮阴网是最为有效的方法。棚架可采用小拱棚或高平棚为支架。小拱棚搭建方便,但除草比较麻烦,支架又可分为斜插和横插两种,中心高度约为 70cm,斜插可采用宽度 1m 的窄幅网遮阴,成本更低;高平棚搭建要求高,但有利于管理操作和茶苗生长,高度控制在 150~170cm(图 4-15)。

图 4-14　茶苗覆盖稻草、黑膜和透明地膜

图 4-15　幼龄茶园遮阴棚形式

第五章　茶园管理

　　光敏型白化茶园的管理原则总体上与其他茶树品种一样，以年周期为界、依据季节生长周期采取各项农艺措施，但在管理重点和技术方法上，因白化生态依赖特性的要求存在很大差异，光照管理是其最特殊管理内容，其他农艺措施也或多或少地进行调整。

第一节　树冠培育

　　茶园优质高产的实现和持续实质上是以树冠不断优化为基础的技术过程。树冠管理主要通过蓄梢与修剪、采摘与留养等两对技术的合理运用，实现地上部生长与地下部生育、现在势与潜在势、新梢萌展数量与质量的优化平衡，形成良好树冠及其树势。对光敏型白化茶来说，还应强调营养生长与生殖生长的平衡调控。

一、树冠模式及发育特征

(一)茶园树冠模式

有平面采摘茶园和立体采摘茶园等两种树冠模式。

　　1. 平面采摘茶园

　　指以标准行布局，树冠水平向具有一定幅度和分枝密度，以多级分枝为生产枝，实行多季采收和高产为目标，鲜叶采摘趋向于树冠表面进行并能适应机械化采摘的茶园模式(图5-1)。

　　平面采摘茶园主要特点是：先实行树冠培育，初步形成树冠骨架后进行开采，实行全年开采和多茶类组合采制，适应机械化采茶与修剪；新茶园建设投资周期长，产量优势突出，但不同条件、管理水平和采摘目标，产量水平差异很大。大宗茶最高亩产可达500kg以上，全年采摘名优茶时，产量水平比大宗茶下降3/4～4/5。平面采摘茶园主要树冠技术指标构成见表5-1。

图 5-1 黄金芽茶平面采摘茶园树冠形态

表 5-1 平面采摘茶园主要技术指标

茶园状况	树高 (cm)	树幅 (%)	分枝密度 (个/尺²)	分枝粗度 (mm)	绿叶层深度 (cm)	叶面积指数	产量水平 (kg/亩)
低龄茶园	35~40	30	30~40	3~4	25~20	1.5	25
高产茶园	80~120	>80	250~350	1.5~2.5	12~8	3~4	>250
衰败茶园	80~120	>80	>350	<2	<8	<3.5	↓

注:树幅按行距 150cm 计算百分率;产量水平依据大宗茶计算;衰败茶园指高产茶园产出水平出现持续下降的茶园。

2. 立体采摘茶园

指树冠竖直向具有一定采摘深度、水平向具有一定幅度和分枝密度、以同级分枝为主要生产枝、采摘春名优茶原料为主要目标的茶园模式(图 5-2)。

立体采摘茶园主要特点是:按照季节生长周期进行茶树树冠培养,实行树冠培育与采收交替进行;具有投产快、高效快、茶芽质量优、春茶萌发相对集中等优点,同时采摘季节较短,抗倒春寒能力强。立体采摘茶园主要技术指标构成如下:树冠分枝密度 20~50 个/尺²,分枝有效萌芽长度 20~60cm,粗度为 2.5~8mm,叶面积指数在 3~4.5 之间;生产枝层着叶数量 300~500 片/尺²,有效萌芽率为着叶数的 50%~30%(一年生为 50%~70%)。产量水平不仅决定于水平向的分枝密度和覆盖率,还在于有效萌芽层(生产枝层)的有效萌芽量(表 5-2)。

图 5-2 黄金芽茶立体采摘茶园树冠形态

表 5-2 立体采摘茶园冠面指标

| 分枝基粗 (mm) | 分枝密度 (个/尺²)* | 叶面积 指数 | 分枝深度 | | | 有效层萌芽部位 | | 春名优茶 产量水平 (kg/亩) |
			树高 (cm)	绿叶层 (cm)	有效层 (cm)	着叶数 (片/尺²)*	有效率 (%)	
3～7	20～10	0.75～1	35～45	30～40	15～25	60～120	70～50	1～4
4～8	25～15	1.5～2.5	75～85	65～70	40～60	250～350	60～40	5～10
3～5	30～20	3.5～4.5	80～90	55～65	25～40	300～450	50～30	10～20
2.5～4	40～30	4～5	75～95	35～45	15～25	400～500	40～30	15～25

* 表中前两行分枝密度按个/丛、着叶数按片/丛计算,适用于一、二足龄新建茶园或台刈茶园。

(二) 树冠发育特征

平面采摘茶园和立体采摘茶园的两种树冠模式,实质上是树冠层分枝长度和密度的相互演变。

1. 树冠垂直构成特征

一是骨架构造。立体采摘茶园的生产枝以下部位分枝呈梯度分布,生产枝则呈规律性直立分布、长度大、均为同级分枝。而平面茶园各级分枝均呈梯度下降,生产枝由一个级以上的分枝组成,长度短。

二是叶层构成。立体采摘茶园的绿叶层深度大,4龄以下绿叶层深度达50～70cm,与无叶层深度之比在1∶1以上;5龄以上绿叶层深度40～20cm,与无叶层深度之比在1∶5以上;平面茶园随树龄增长,无叶层逐渐

88

增加、绿叶层变浅,两者之比约为 1∶5 至 1∶20 甚至更高,绿叶层深度在 18～6cm。

三是阶段发育年龄。立体茶园因每年更新,一般维持在 10 龄以下,生长势强;平面茶园阶段发育年龄可在 15 龄以上,生长势显弱。

2. 树冠水平分布趋势

一是立体茶园因蓄枝育冠,种植当年秋末茶园覆盖率可达 50%,第二年在 80% 以上,第三年达到 100%,速度明显快于平面茶园。

二是立体茶园分枝密度增加慢,密度小,最高约为 60 个/尺^2,远低于成龄平面茶园。

三是立体茶园叶面积指数增幅明显高于平面茶园,第三年即可达 4.5 以上。

3. 树冠演变规律

茶园分枝长度(绿叶层深度)与分枝密度总是呈反比关系。立体茶园要求生产枝具有一定长度、粗度,从而使分枝密度控制在较低水平上;当分枝密度不断增加时,分枝长度就出现自然下降趋势,最终演替成平面茶园的树冠形态。图 5-3 是从不同分枝密度的茶园绿叶层、无效萌芽层(即绿叶层下部不萌芽部分)深度变化曲线,两者之间的距离为有效萌芽层(采摘层)深度。从图中可以看出,分枝密度达到 80 个/尺^2 时,该茶园的无效萌芽层绝对深度不再呈增加趋势,曲线出现拐点,这在实际意义上表示为密度达到这一数值时,立体采摘茶园向平面采摘茶园转化。

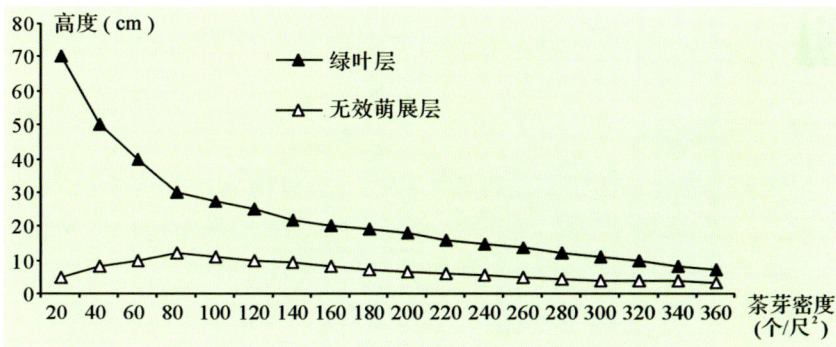

图 5-3　立体茶园—平面茶园的演替规律

二、修剪技术

茶树修剪有三大目的:一是去除顶端优势、促发侧枝、促进树冠形成;二

89

是剪除上部枝梢、降低阶段发育年龄、更新复壮树势；三是控制优势枝、平衡枝梢生长、实现茶叶量质兼优。修剪技术分两大系统：一是树冠塑造的周期修剪，有定型修剪、春后回剪、深修剪、重修剪、台刈；二是投产茶园的年间整修，有轻修剪、控梢剪、掸剪。立体采摘茶园使用较多的是春后回剪、控梢剪等技术，平面采摘茶园则常使用轻修剪、掸剪等修剪技术。

（一）定型修剪

新茶园或改造茶园建立树冠的基础性修剪，一般进行 1～3 次定型修剪后树冠骨架基本形成。采用季周期栽培技术时，新茶园 3 次定剪分别在种植时、种植当年 7、8 月间和翌年春茶后进行，定剪高度为 15～20cm、25～30cm 和 35～40cm；重修、深修茶园只需一次，一般在当年完成。

（二）春后回剪

春后回剪是立体采摘茶园每年春后进行的树冠定位修剪技术。种植第三年起，每年春茶采摘结束后，在上年回剪位提高 5～10cm 剪去上部枝梢，重新促发树冠形成。目的是确保树势与萌芽能力旺盛、采摘层枝梢均匀一致、翌年春茶量质兼优。

（三）控梢剪

控梢剪是立体采摘茶园在春后定剪、回剪或重剪后，为防止树冠因多季蓄梢出现零乱，在当年 7、8 月间进行控制优势枝、平衡枝梢生长的选择性修剪方法，同时也是控制花蕾的必要手段。方法是：7 月上旬在春后剪口提高 10cm 用修剪机平剪；8 月初对突出枝再提高 10cm 逐株剪梢。经过控梢，园相趋于规则，生产枝粗细、高度一致，生产枝层花蕾孕育得到控制，同时能有效提高翌春茶叶质量和产量。

（四）轻修剪

轻修剪是强化平面采摘茶园的生产冠面育芽能力的修剪方法，通过整理采面生产枝，减少细弱枝，强化育芽质量，同时控制树冠高度，促使发芽整齐和采摘方便。轻修剪一般在秋梢生长结束后进行，每年一次，用修剪机或篱剪剪去 3～5cm 叶冠，轻重程度掌握在"春梢红梗留一节、秋梢黄叶一扫光"为适度；在冬季易冻地段，则推迟到春前 2—3 月上旬进行，防止剪后受冻。

（五）掸剪

掸剪是机械化采茶中应用的兼具采茶与树冠表层整修的技术方法，在每次机采后、新一轮茶芽萌展前，对漏采芽叶或风吹雨打形成的突生枝或提前萌发的突生枝进行修剪的措施,用采茶机(回收鲜叶)或轻修剪(不回收鲜叶)剪去冠面突生枝叶,深度约 1cm。

(六) 其他修剪

台刈:离地 10～20cm 截去上部枝梢,适用于树体衰败茶园。

重修剪:离地 20～30cm 剪去上部,适用于骨干枝衰败茶园。

深修剪:离地 40～50cm 剪去上部枝,适用于生产枝层衰败茶园。

上述修剪时间全部在春茶结束后进行。

三、树冠培育

根据季周期栽培技术方法,定型修剪一般在春茶结束后和秋梢萌展前进行;新茶园种植第二年始采春茶,当年完成基本树冠培养;第三年起进行茶园常规管理。

(一) 立体采摘茶园

在良好树势条件下,立体采摘茶园从茶苗种植第二年起即采取年间管理一致的茶园树冠培育方法。

1. 种植当年树冠培育

新建茶园在种植当年根据树势分三种情况:8 月初树高 30cm 以上时,离地 20cm 逐株剪去主梢;20～30cm 时,离地 20cm 逐株打顶去除顶芽;不足 20cm 时,当年留梢不剪(图 5-4)。种植当年秋后不再进行修剪,翌年采收春茶。离地 25cm 以上留鱼叶,25cm 以下留而不采;壮株适度采、弱株留而不采,避免过度强采,影响树冠形成。

种植当年秋前定剪茶树经过秋梢发育,树冠快速形成。一般树高大于40cm、分枝 4 个以上、单丛着叶数大于 60 片,基本形成小行、株间枝叶相连。秋前定剪与常规技术的秋后定剪比较,前者树冠枝梢层深厚,叶面积指数大,翌春开采效益好。

2. 第二年起树冠培育

种植第二年春茶提前采摘结束后,及早进行树冠整枝修剪,一般离地25cm 进行平剪;7 月上旬至 8 月初间对突出枝再提高 15cm 左右逐株剪梢,去强扶弱。一般秋后树高 60cm 以上,茶园覆盖率 60% 以上,分枝 20～30个,枝梢长度 25～35cm。经过控梢、蓄梢的茶园,同样要等到下一年春茶采摘结束后进行再次修剪。

新建茶园第三年起已进入投产期,春茶留鱼叶采后,一般每年进行一次回剪、1～2 次控梢剪。树龄 10 年以上、回剪位超过 80cm、当年采摘树冠层

图5-4 御金香种植当年树冠培养(左:不打顶,右:打顶)

趋向平面茶园态势时,再重剪到离地25～30cm的起始位。二轮新梢生长到15cm以上时,进行控梢、抑花修剪,方法是二轮梢留两个芽位(约5～10cm)进行平剪。修剪前可进行打顶采,这样既不影响树冠发育,又可增加收入;秋季末梢进行打顶采时,则要防止因采摘而诱发生产枝的越冬侧芽提前萌发,影响翌春芽叶质量和产量(图5-5)。

图5-5 御金香茶园种植第一(左二行)、二(中间二行)、三(右二行)年秋后树势

立体采摘茶园树冠的理想指标是:分枝粗度 2.5mm 以上、长度 20～60cm、密度 20～50 个/尺²(表 5-3)。

表 5-3　不同树龄白化茶园秋后树势指标

茶园年龄	春后修剪离地高度 (cm)	树幅 (cm)	秋后树势树高 (cm)	密度 (个/尺²)
第二年	25	60～80	65～80	15～30
第三年	30	80～110	75～90	20～35
第四年	35	100～130	85～110	20～40
第五年起	40～80	100～130	90～140	20～50

随着树龄的增加、树冠面的扩展,若控制不当,光敏型白化茶立体茶园树冠会出现三种不同结果。

第一种情况是树势旺盛,枝梢均匀且高度大、密度小,造成下部萌生。当生产层枝梢高度 60～70cm 以上、密度大于 20 个/尺² 时,枝梢下部大约 40％部位因荫蔽过度而不能萌发新梢,因此出现有高产树冠而无高产实绩的现象。改变这种茶园状况的方法是通过降低营养供应水平和适当推迟修剪时间来控制高度。

第二种情况是当年枝梢不匀,形成优势枝和弱势枝分离,孕蕾开花严重,这种情况往往出现在回剪部位较低或不控梢茶园中。二轮枝梢生长旺盛,在生长过程中产生空间争夺,形成优势枝和弱势枝,并孕育大量花蕾。而后优势枝产生二级分枝,弱势枝就变成萌生枝,翌年春梢萌展能力大幅下降,甚至不萌展。因此回剪部位越低,越要注重控梢剪。

第三种情况是枝梢密集,高度普遍不足,趋向平面态势,同时花蕾大量发生。这种情况往往出现于树龄 7、8 年以上的壮龄茶园,由于树冠密度大,回剪后新梢萌发量大,导致枝梢高度下降,优势枝和弱势枝差异不明显,形成错落分布的高产生产枝层,进行控梢剪又影响下轮枝梢发育。这种树冠一定程度上是壮龄茶园的理想树冠,但难以持续多年,并且由于花蕾数量过大,影响翌年春茶生产。改变这种状况的办法是适度降低回剪部位、提高营养供给水平。

(二)平面采摘茶园

新茶园从种植起至第二年春茶结束后的这一时期,平面采摘茶园的树冠修剪、培育方法与立体采摘园相同。而后,在 7 月上旬离地 35～40cm 用修剪机平弧剪,8 月初第四轮茶留一叶开采。到秋后可基本形成平面茶园树冠,树高一般在 45～55cm,树冠覆盖率在 50％左右,分枝密度 50～60

个/尺^2。

春后台刈茶园在7月上旬用修剪机离地25cm修剪，8月初提高10cm开采。

春后重修茶园在7月上旬用修剪机在剪口提高10cm修剪，下轮茶留大叶开采。

春后深修茶园在7月上旬在剪口提高5～10cm修剪，下轮茶留大叶开采。

上述各类茶园当年即形成采摘冠面（表5-4），但当前白化茶园稀有采用平面采摘茶园树冠模式。

表5-4　各类白化茶园当年秋后树势指标(低限)

茶园年龄	春后修剪离地高度（cm）	树幅（cm）	秋后树势树高（cm）	密度（个/尺^2）
二龄新园	25cm	80	45～55	60
台刈茶园	10～20cm	60	40～50	60
重修茶园	20～30cm	90	45～55	100
深修茶园	40～50cm	100	50～60	100

（三）立体、平面茶园互改

立体茶园改建平面茶园。上年春后剪口低于80cm时，春茶采摘结束后，在上年回剪口提高5cm进行修剪，下轮茶留一叶采后进行正常开采；上年春后剪口高于80cm时，春茶采摘结束后回剪到40cm以下，7月初提高5～10cm平弧修，下轮茶留一叶采后进行正常开采。尚未形成高产的茶园，手工采茶时应杜绝深入冠内采摘鲜叶，以加快树冠分枝密度和幅度的迅速增加。

平面茶园改为立体茶园。当年春前轻修剪口低于80cm时，春茶采摘结束后，在轻修剪口降低10cm进行修剪，而后按立体茶园要求进行蓄梢、控梢等；当年春前轻修剪口高于80cm时，春茶采摘结束后回剪到80cm以下健壮枝干位，再按立体茶园要求培养树冠；平面采摘茶园进行台刈、重修、深修后改建成立体采摘茶园时，按同修剪高度的立体茶园树冠要求培养。

第二节　光照管理

光照是左右光敏型白化茶白化性状表达、品质高低与树势强弱的关键生态因子,光照管理作为光敏型茶园管理的特殊内容,实质是围绕光敏型白化茶白化程度进行调控。自然生态条件下,黄金芽家系对光照需求总体处于盈余状态,尤其是一、二年生幼龄茶树,而御金香茶则存在光照不足现象,因此,黄金芽家系品种的光照管理重点是减光,而御金香的光照管理重点是补光。

一、影响规律

光照是光敏型白化茶白化表达的主因,而光照对茶树的影响总是与气温等因子相互联系在一起的。光、温对光敏型白化茶的影响,首先是茶树新梢生育过程中光照主导其白化表达,然后温度起着促进或降低光照对白化的影响程度;当高度白化叶形成后,温度主导着白化叶的生理活动。

图 5-6 是光温对新梢白化过程及不同白化叶的影响示意图。a1-e1 是浙江地区年度光照、气温最高值的变化曲线,a-a1、b-b1、c-c1、d-d1 是形成不同叶色的光温分界线。在茶树新梢萌展期,光照敏感型白化茶新梢白化与光照强度呈正相关,当气温升高时,达到同等白化程度的光照强度会有所降低,随着白化程度的提高,降低幅度越大。当光照低于白化启动所需的强度时,气温高低对白化基本起不到辅助作用。图 5-6 中显示,绿色叶区域内,a-a1 保持垂直状态;当白化启动后,光照强度与气温相关性随之提高,对白化促进作用趋于明显,产生不同白化程度的趋势线 b-b1、c-c1、d-d1 分别随着气温提高向较低光照强度倾斜。

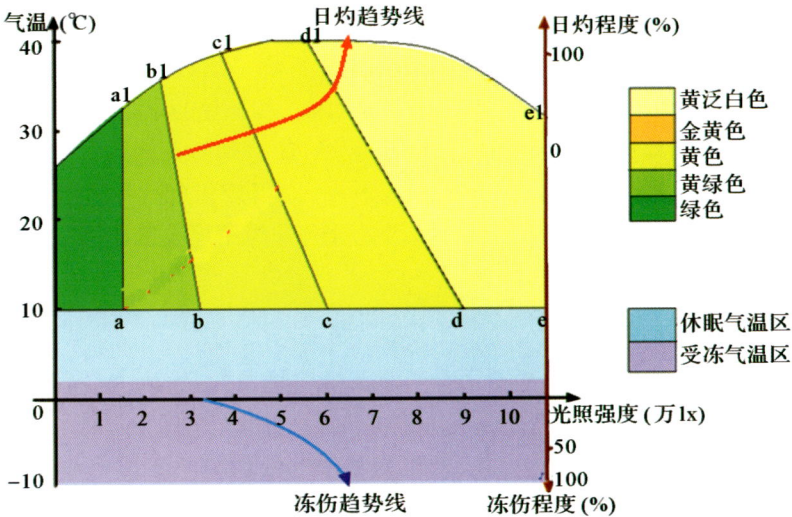

图 5-6　光温对白化叶形成及其影响示意图

研究表明,黄金芽新梢芽体黄色白化的光照强度阈值约为 1.5 万 lx,6 万 lx 时出现红色芽(主要出现在二、三轮梢);叶片黄色白化的光照强度阈值为 2.5 万～3 万 lx,2.5 万～6 万 lx 时呈黄色或金黄色,6 万 lx 以上,转黄泛白色,并容易出现叶片灼伤等劣质现象;御金香新梢芽体、叶片的光照强度阈值分别为 1.5 万 lx、3 万 lx,3 万～8 万 lx 时呈黄色或金黄色,8 万 lx 以上时秋梢转黄泛白色。

随着黄化程度的提高,它所遭受的日灼等影响越大(参见表 4-1)。生长期内,绿色、黄绿色芽叶基本不会产生日灼现象;当气温 25℃ 以上时,黄色以上白化程度的幼嫩芽叶就会出现日光灼伤;当气温 35℃ 以上时,高度白化叶会出现灼伤和枯焦,树体受损严重。在休眠期内,绿色、黄绿色叶片不会出现受冻枯焦等现象;而黄色程度以上高度白化叶,当气温在 2℃ 以下时,受冻程度和概率大大提高。

二、管理要求

光照管理实质是通过调节光照强度进行新梢白化程度调控,管理原则是,非采茶园和生产季节的光照强度控制趋低,即降低白化程度,促进茶树生长;而开采茶园的生产季节,光照强度尽量趋大,即促进新梢白化,提高鲜叶品质。

(一)阶段管理要求

种植第一、二年生时,树冠尚未形成,树体在全光照条件下白化充分,容易产生生理障碍;随着树龄增加,冠幅加大,冠层增厚,由于树冠上层叶片的遮挡,下层处于荫生状态,叶片黄色程度随之下降,光合能力提高,抗逆能力增加。这就是幼龄茶树需要遮阴保护的原因。种植密度提高时,因茶树之间空间变小,树体向上伸展,加大冠层荫蔽度,使得幼龄茶树返绿更为容易,因此,黄金芽一般采用双条密植来提高第一、二年茶树成活率和生长势,而御金香由于树势强盛和夏梢自然返绿的特性,种植密度要求不高,管理更为简便(图 5-7)。

(二)年间管理要求

黄金芽家系品种光敏感性强,三季新梢均呈黄化,抗阳光灼伤能力弱。种植一、二年生茶园的春茶后期至早秋,气温达到 25℃ 以上的持续晴天,为年间光照管理的重要时期。其中种植当年第一轮新梢萌展到一芽三四叶的春茶后期,显得尤为重要;第二年春茶实行采摘的茶园,光照管理重点是第二轮茶萌展期至高温干旱结束;第三年起则主要防治夏季高温干旱侵袭。

御金香茶的年间光照管理则主要着眼于促进春茶季节至秋季持续晴天

图 5-7　御金香第一至三年生茶树

时的白化,与黄金芽家系品种管理要求完全相反(表 5-5)。

表 5-5　不同种系的光照年间管理要求

种系	季节	生态要素	影响部位	生理现象	管理要求
黄金芽家系	春茶后期	>27℃、6 万 lx	幼嫩芽叶	幼嫩芽叶灼伤	减光
	夏季、早秋	>35℃、6 万 lx	未熟新梢	芽叶茎梢受损	减光、降温
	晚秋梢	冬季干旱、严寒	成熟秋梢	叶片秋梢受损	减光
御金香	春茶前期	<3 万 lx	春梢	芽叶白化不足	补光
	秋梢	<6 万 lx	成熟秋梢	秋梢返绿	补光

(三)地域管理要求

对于黄金芽家系品种来说,幼龄阶段茶园必须采取减光遮阴栽培措施,维持光照量在晴天日照的一半上下,方能确保正常生长。西南坡有高陡山峰遮挡的山谷地段,日照少,同时水分供应充足,这种地段实际上山体起到了自然遮阴作用;周围有高杆植被阻挡阳光的茶园,植被起到了减光作用,如图 5-8 所示,竹林高度 1~1.2 倍距离的茶树成活良好。这两种情况的黄金芽家系茶园无须再采取人工遮阴措施,但对于御金香来说,光照不足地段不适宜于其种植。

图 5-8　周围植被对黄金芽茶树生长影响效果

三、管理措施

形象地说,黄金芽家系怕太黄、御金香怕不黄。因此,黄金芽家系的光照管理重点是减光,而御金香是补光。

(一)减光措施

1. 人工遮阴

人工遮阴主要采用中心高度大于 70cm 的小拱棚和棚面度 150～170cm 的高平棚、加盖透光率 50% 的黑色遮阴网,茶园年度遮阴时间、方法和秋梢叶色适宜程度参见表 5-6。温暖区域的气温低于 30℃ 时,可揭去遮阴网,使秋梢在自然光环境下生长;但在高寒区域,为提高抗寒能力,揭网时间应推迟到秋梢成熟或休止,尽量促使秋梢返绿。

表 5-6　黄金芽家系茶园人工遮阴方法

树龄	树体受光状况	盖网时间	揭网时间	成熟秋梢叶色
第一年	全日照	春梢一芽三叶前	秋梢萌展—生长休止	黄绿色、绿色
第二年	春修后全日照	第二轮新梢始萌	秋梢萌展—生长末期	黄色至绿色
第三年	冠内未郁闭	气温高于 30℃	气温低于 30℃	黄色至绿色

2. 套种遮阴

茶园套种遮阴植物必须选择主杆高、冠幅大、遮阴效率高、病虫害少的植物,新茶园套种植物应在茶苗种植当年春季新梢萌展时即能发挥遮阴效果。植物种类分为一年生植物和多年生植物。

一年生植物适合在一、二年生茶园中使用，但能起到良好遮阴效果的植物并不多，主要原因是：新茶园在早春萌展期就需要遮阴，而春季多数植物也处于生长初期，植株高度和冠幅达不到遮阴要求；许多作物（如葵花、玉米等）与茶苗争水争空间等能力强，植株控制困难，反而影响茶苗发育。在新种茶园套种一年生植物时，应提前播种，加强抚育，在茶树春梢萌展到一芽三、四时能产生遮阴效果。如图5-9所示美洲狼尾草在5月下旬的植株形态。该草分蘖起生长快、再生能力强，是较适合茶苗遮阴的植物。4月中旬播种，5月下旬时高度80～100cm，7月初长至1.8～2.0m，能起到有效的遮阴效果。

茶园套种遮阴的多年生植物选择范围较广，特别是与培育园林绿化苗木相结合的套种，能在获得良好遮阴效果的同时，提高土地经营效益。但在茶园套种，应把握以下技术要求：一是茶园种植当年选用低规格苗木，往往起不到遮阴效果，道理与一年生作物一样，早春植物均处于生长发育初期，遮阴植物尚未形成足够的冠幅；二是种植密度必须兼顾遮阴效果又不影响茶树、遮阴树的生长；三是要据树体发育情况，加强抚育，对遮阴植株逐年整枝、删除，保证50％～30％的遮阴率（图5-10）。

图5-9　5月下旬美洲狼尾草长势　　　　图5-10　茶园套种樱花

（二）补光措施

光照不足现象存在于两种情况，一是茶园处在相当蔽荫环境和持续阴雨季节，二是人工栽培遮阴植物导致光照不足。当光照不足导致茶树生长受抑、鲜叶白化度不够时，应采取补光调节措施。事实上，在当前茶园栽培方式和技术条件下，因蔽荫环境和持续阴雨季节造成的光照不足，是难以调控的，而人工措施影响的，则容易通过补光措施得到调整。

1. 遮阴过度

人工遮阴的茶园遭遇持续阴雨天气时，会导致光照匮乏，茶树处于光合产物减少的"饥饿"状态。江南地区梅雨季节或西南地区的雨季容易发生这种情况。茶树正常生育受到影响时，主要表现为叶色绿、叶形缩小、萌芽少、分枝细弱、生长势下降。因此，遇持续阴雨季节，应及时揭去遮阴网，如无35℃以上持续高温晴天，不必急于覆盖。

2. 早春覆盖

采用保护越冬或早促栽培的茶园往往因覆盖而导致春梢萌展后白化不足，御金香茶更容易发生这种情况。这时应及时揭去遮阴网或薄膜，增加新梢受光率（图5-11）。

3. 树势旺盛

壮龄茶树由于树冠深厚、树势旺盛，树冠中下部芽叶往往得不到足够光照而返绿，茶叶品质随之趋向平淡，这是白化茶生产成龄茶园茶叶品质不及幼龄茶园的常见现象；对于夏梢自然返绿的御金香来说，成龄茶园秋梢白化度不及春梢的现象也很明显。在这种情况下，可以通过增加修剪程度和频度来减少光合部位，增加树冠内部光照量，促进叶色黄化。如图5-12所示，御金香茶左边三行夏梢在8月下旬经过修剪，右边三行夏梢未经过修剪，秋梢比较，经过修剪的黄色程度明显增加。

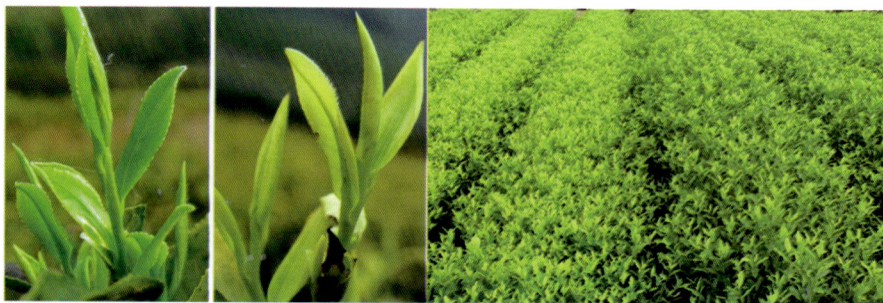

图5-11　薄膜覆盖导致黄金芽
　　　　春芽返绿(左)

图5-12　修剪促进御金香叶色黄化
　　　　（左三行）

四、劣质现象与生理障碍修复

光敏型白化茶劣质现象主要存在于黄金芽家系品种，表现为未成熟新梢日灼损伤、高度白化成熟叶冻旱损伤和树势减退等现象。

（一）日灼损伤及其修复

未成熟新梢日灼损伤可分为叶面灼伤、枯焦、脱落（图5-13左起1～3）、新梢枯死及幼树全株死亡等不同程度。各种程度的日灼损伤对种植一二年生茶树影响很大，而叶片灼伤、枯焦等轻度日灼对成龄茶园后续树势影响较小，生态环境改善后，受损新梢能自动修复（图5-13左2）。

图5-13　黄金芽芽叶日灼损伤（左起1～3）和受冻枯焦现象

发生日灼后，如后续阶段依然持续晴天，最有效的办法是采用50%遮阴网覆盖，并加强肥水供给，促发后续新梢，而不提倡通过修剪方法重塑树冠。

（二）白化叶冻旱损伤及其修复

高度白化成熟叶冻旱损伤表现为因秋冬干旱和低温冻害引起的叶片枯焦、脱落和秋梢枯死等；未脱落的枯焦叶片稍后会出现类似轮斑病症状（图5-13右1）。轻度叶片枯焦只影响园相美观，但当叶片大量脱落成光杆或枝梢死亡时，会造成翌年春茶产量、质量大幅下降。

高度白化成熟叶的生理障碍重在预防。易冻和秋冬容易干旱茶区，应尽量增加秋梢生长季节的茶园遮阴时间，促进茶树返绿；高寒茶区如无越冬保护栽培措施，一般推行平面采摘茶园栽培模式，减少枝梢深度冻害损伤；受损茶园除枝梢严重枯死外，一般在春茶前不进行修剪，而是通过加强肥培管理等措施增加春茶萌发能力和芽叶质量。

（三）树势减退及其修复

树势减退表现为叶形缩小、小老头树等衰弱现象，同时往往伴随缺株断行现象。树势减退的修复时间相对较长，主要措施有：及时进行遮阴覆盖，加强肥培管理，秋后补栽茶苗，春茶前进行树冠修剪，重新培育树冠骨干等。

第三节 土壤管理

茶园土壤管理的目的是改善土壤微域生态、增加土壤养分，为茶树生长创造良好墒情，主要任务有土壤耕作、除草、施肥和保墒。施肥是土壤管理中最积极意义的措施，而耕作和保墒对于幼龄未封行茶园来说，一定程度上要超过施肥的作用。

一、园地耕作

园地耕作包括浅耕除草、深耕翻土和覆盖保墒等三个方面，为茶树生长发育创造良好的微域生态环境。

（一）浅耕除草

茶园杂草种类繁多，常见有禾本科、菊科、蓼科等40多种植物，其中危害性大、根除困难的有马唐、狗尾草、蟋蟀草、狗牙根、辣蓼、白茅、鸭跖草、水花生等，近来年蔓延的外来物种加拿大一枝黄花、紫茎泽兰等，对茶园构成潜在威胁。

茶园浅耕的目的是清除杂草，疏松表土，改善表层土壤微域生态。浅耕深度一般5cm左右，可结合追肥、培土进行，同时及时清除茶园周边杂草荆棘。

一、二生茶园浅耕重点是抑制夏秋杂草生长。荒山新垦茶园和熟地改种茶园的杂草状况往往区别很大，前者往往杂草滋生少，土壤裸露面大；后者杂草种类多、长势旺，尤其是水源充足地段的夏秋杂草，往往一个月内能对茶苗造成郁闭、覆盖，从而争夺水分、光照、空气和养分，导致茶苗死亡。因此原则上，新垦茶园适度留草防晒，熟地茶园有草即耕。除草时，对鸭跖草等生命力超强的根蘖性杂草，应清理出园；由于幼龄茶园根系扎土不深，高温季节前浅耕要及早进行，避免耕后土面暴露，加剧干旱影响。

成龄茶园浅耕主要在春茶前后和夏秋期间。前者主要清除行间杂草，后者则要同时清除行间、冠面杂草；春夏浅耕时，要把根颈部的枯枝烂叶清出堆在行间，以便腐解；秋季浅耕时结合根部培土，降低冻害可能性。

（二）深耕翻土

深耕对土壤的作用强于浅耕，能有效地提高茶树吸收根系层的土壤孔隙度，降低容重，提高渗透性和持水率，改善根周肥力状况，但同时会造成茶树根系损伤,作业强度较大。新茶园种植当年可不必深耕,深耕一般在秋冬进行,同时结合基肥施用,逐行或隔行隔年轮换;改造茶园则在树冠修剪时结合基肥进行。深耕深度一般 10cm 以上,宽度不少于 20cm;深耕位置宜以茶冠外缘为界线(图 5-14)。

图 5-14　茶园机械深耕作业

(三) 覆盖保墒

茶园地面覆盖是茶园墒情保护的重要管理技术措施,简单易行,能有效起到保持土壤水分、抑制杂草生长、调节土壤温度、提高土壤肥力、显著改良土壤理化性状和微生物群落等作用,对于覆盖率低的幼龄茶园尤显重要。

覆盖材料来源较广,可采用秸秆、砻糠、柴草、青草、修剪的茶枝及削除的杂草;覆盖厚度,一般干草不超过 1.5cm、鲜柴草不超过 3cm。覆盖材料过多会影响茶树生育,过少则起不到作用。覆盖方法是:新种茶园在种植时覆盖,成龄茶园选择在寒冬来临前或高温干旱季节来临前覆盖。一般草物铺在行间,可不压土;砻糠等细碎材料,则应在覆后盖土,防止风吹雨打而流失;茶园杂草则须翻转,防止复活。

二、茶园施肥

肥料是茶树优质高效栽培的必要措施。光敏型白化茶园用肥要根据不同品种、采摘模式、生育周期、立地条件以及肥料种类综合考虑。为控制花蕾和优化树势,提倡在秋梢萌展前适度增加氮肥用量。

(一)施肥原则

根据茶树不同采摘要求、生育周期和生长季节周期对肥料的需求特点，在有机基肥为主、适度增加氮肥比重、强调绿色安全的基础上，实行"按产、多元、比例、分季、平衡、安全"的施肥方法。

(二)肥料种类

茶园肥料应强调绿色安全，一是考虑肥料是否会危及白化茶品质，二是肥料是否会造成病虫草害和土壤污染。根据农业部 NY515-2011 标准要求，有机肥中重金属允许含量必须符合表 5-7 要求。

表 5-7　有机肥中重金属允许含量(资料来源:农业部 NY515-2011)

项　目	浓度阀值(mg/kg)	项　目	浓度阀值(mg/kg)
砷	≤15	铅	≤50
汞	≤2	铬	≤150
镉	≤3		

根据农业部 NY/T5018 规定，无公害茶适用肥料种类分别是:堆肥、沤肥、家畜粪尿、厩肥、绿肥、沼气肥、秸秆、泥肥、饼肥等 9 种农家肥，商品有机肥、腐殖酸类肥料、微生物肥料、有机无机复合肥、化学矿物源肥料、叶面肥料、茶树专用复合肥等 7 类商品肥;其中饼肥、尿素、二元或三元复合肥、茶树专用复合肥是茶园使用较为普遍的肥料。禁止使用氯化钾等影响茶树生育的含氯肥料和直接施用人粪尿。

(三)施肥量

1. 幼龄茶园

种植当年秋梢生长休止前，一般使用速效化肥作追肥，亩施肥 10～20kg 尿素或复合肥;不施底肥的新茶园种植当年秋后亩施 100kg 饼肥和 10～20kg 复合肥作基肥，已施底肥的新种白化茶园，种植当年秋后可不施有机肥，补施 20kg 复合肥;第二年生长期间追肥量增加一倍，基肥增加 50％。

2. 成龄茶园

第三年起按成龄茶园计算年度施肥量，并根据茶园不同采摘模式分配各季施肥用量。年度施肥量计算方法是:

全年采大宗茶茶园亩产 100kg 干茶，相当于纯采春名茶产量 5kg，需亩施纯氮 10～15kg，年施肥量标准按上年产量确定。

全年采茶园按冬基、春追、夏秋肥量比例按 5∶2∶3 分配;只采春茶茶园采取秋前追肥促梢方法，冬基、秋追肥量比例按 7：3 分配。

氮、磷、钾等三要素之比为 4：1：1。有机肥以菜饼肥为标准（氮
4.6%、磷 2.5%、钾 1.4%），亩施菜饼量＝上年春名茶产量×（15～30kg）。
其中亩产干茶 10kg 以下时，按单位用肥量上限使用，亩产干茶 10kg 以上
时，按单位用肥量下限使用。这样，一般施肥水平控制在每亩施菜饼 150～
200kg 水平。其余氮、磷、钾等速效肥按上述要素比例和不同肥料折算
用量。

（四）施肥方法

茶园施肥以固态肥为主，有条件地方提倡使用液态肥。

1. 基肥

施用时间：应选择在茶树地上部生长即将停止时至严寒来临前，宜早不
宜迟；高寒易冻茶园可提前到春茶结束后树冠修剪时进行。

施肥位置：新种茶园离根部 20cm 外开沟施入，未封行茶园沿树冠外沿
下开沟，封行茶园在行中间施入，施肥深度为 10～20cm；平地茶园逐行或隔
行每年轮换开沟（图 5-15），坡地茶园在茶行上方开沟施肥，梯地茶园施肥
沟应在里侧。

图 5-15　茶园深施基肥

2. 追肥

春茶前"催芽肥"结合基肥施入，秋茶促梢肥在秋梢萌发初期施入。施
肥同样采用条沟方法，沟深约 10cm，边施边覆土，防止肥料挥发。

幼龄茶园种植当年施肥要多次适时适量，主要方法有两种：

一是"一年三追"。在 5 月初、6 月下旬、9 月上旬前分别亩施 5kg、5～10kg、10kg 尿素或复合肥,离根部 20cm 外区域沟施,宜远不宜近,施后覆土。

二是"多次液肥"。水源充足地段茶园在 5—9 月间每月各浇施一次 1％～1.5％尿素或复合肥,亩施液 300kg。

种植第二年茶园在春后整形修剪后至 9 月上旬前,根据树势和气候情况,追施 2～3 次速效肥,每次每亩施用 10～15kg 复合肥。

第四节　病虫防治

病虫害防治是茶叶高产优质和绿色安全生产的重要措施。当前,我国食品质量安全的基本原则是:卫生安全第一、营养价值第二、质量品牌第三。病虫害防治必须坚持"预防为主,综合治理"的绿色防控指导思想。

一、主要病虫

茶园病虫种类繁多,我国大陆茶园有茶树害虫 700～800 余种,病害 80～90 余种,优势虫群朝小型化、吸汁类害虫流行。现阶段有常发病虫 40～50 种,其中危害严重、需要加以防治的有 20 余种,流行性危害病虫主要有叶蝉类、螨类、粉虱类、尺蠖类、毒蛾类、赤星病、茶炭疽病、茶苗白绢病等。多数茶树病虫一般发生在夏秋期间,但赤星病、黑刺粉虱等对春季白化茶生产影响较为严重。

1. 黑刺粉虱

同翅目粉虱科茶树害虫。浙江一年发生 4 代,春茶期间第一代虫口的危害性最严重。若虫寄生在茶树叶背刺吸汁液,排泄物在茶树叶片上表面形成黑煤状附着物,诱发成烟煤病(图 5-16),阻碍光合作用,使树势受到影响甚至引起死亡。高度密闭的成龄茶园和持续使用菊酯类农药的茶园易引发黑刺粉虱大量发生。

2. 螨类

危害茶树的螨类属于蜱螨目,有茶橙瘿螨、叶瘿螨、茶跗线螨等,均为肉眼看不清的吸汁类微小害虫。世代重复,每年多达 10 代至 30 代,发生率高,危害严重。浙江茶区危害的第一高峰在 5 月中旬至 6 月上旬,第二高峰在 7、8 月间,直至 11 月仍可严重危害茶园,高温干旱会加剧螨类的发生。

图 5-16 黑刺粉虱成虫及滋生的烟煤病

危害症状为,叶背沿叶脉扩展至全叶成锈红色,叶片扭曲、变小,叶质硬脆,新梢萌发受阻,直至树势衰竭(图 5-17)。

图 5-17 健康新梢与螨类危害新梢比较(中间:背面,右:正面)

3. 假眼小绿叶蝉

同翅目叶蝉科茶树害虫。成虫体长 3～4mm,淡绿至淡黄色;若虫初为乳白色,后转为淡绿色,无翅(图 5-18 左上)。以成、若虫刺吸茶树嫩梢叶汁液为生,一年发生十多代,浙江茶区危害的第一高峰在 5 月下旬至 7 月中旬,第二高峰在 8 月中下旬至 11 月。受害芽叶叶缘变黄、叶脉变红,严重时叶尖、叶缘卷曲,形成焦尖焦边,甚至全叶枯焦、脱落,造成严重减产;危害后鲜叶质变硬脆,成品味苦。

图 5-18　小绿叶蝉若、成虫形态及茶梢危害状

4. 尺蠖类

鳞翅目尺蠖科茶树害虫,有茶尺蠖、油桐尺蠖、银尺蠖等。共同特性是,成虫体较细瘦、翅宽大而薄,静止时四翅平展;幼虫体表较光滑,爬行时体躯一屈一伸,静止时臀足附着于茶树枝叶,上半身凌空。一般一年发生 5～6代,7—10 月为危害高峰期。幼虫三龄前成堆密集,四龄起分散,食量暴增,能大量咬食叶片,严重时能听得到"沙沙"的啃食声。受害茶树叶片造成"C"形缺刻,严重时叶片被全部啃食,形成光枝,整块茶园一片赤红(图 5-19)。

5. 赤星病

由半知菌亚门茶尾孢属真菌引起的病害。病菌以菌丝体在茶树病叶及落叶中越冬,借风雨传播,侵染新生芽叶,低温高湿、低洼和荫蔽处有利于该病暴发。发生初期呈病部赤褐色小圆点,而后扩大成圆形凹斑,大小 1～4mm,最后叶面穿孔;受危害的芽叶制成茶叶滋味苦涩,叶底病斑明显(图5-20)。由于该病多发生在春茶采摘期,一旦暴发,就无法用药,对产量、质量影响严重。

6. 白绢丝病

茶白绢丝病是由核菌性真菌引起的病害。菌核或菌丝体在土壤中或附生于病体组织越冬,生态条件适宜时突然发生,主要发生在高温多湿的梅

图 5-19　茶园茶尺蠖危害状态

图 5-20　茶赤星病危害的芽梢及叶底形态

雨、台风季节的一、二年生幼龄茶园,土壤低洼、板结及老茶园改种茶园发生频率较高。染病多在茶苗近地表根部开始,初呈褐色,表面有白色棉絮状菌丝,而后病株皮层腐烂(图 5-21),落叶先从基部成熟叶开始,程度不重时保留顶端嫩叶,严重时则全株死亡。

图 5-21　茶白绢丝病及茶树危害状

二、茶园禁用与适用农药

(一) 禁用农药

在茶叶生产中不适用的农药有以下几类：剧毒、高毒农药或急性毒性不高、但有一定慢性毒性的农药；性质稳定、不易降解、残留期长的农药；有强烈异味，对品质产生不良影响的农药和对茶树生育有严重影响的农药。我国明确规定在茶园中禁止使用下列农药：滴滴涕、六六六、对硫磷（1605）、甲基对硫磷（甲基 1605）、甲胺磷、乙酰甲胺磷、氧化乐果、五氯酚钠、杀虫脒、三氯杀螨醇、水胺硫磷、氰戊菊酯、来福灵及其混剂等高毒高残农药；浙江省从 2001 年起禁止在茶园上使用呋喃丹、氧化乐果、久效磷、甲拌磷、甲基异硫磷、杀虫咪、五氯酚钠等农药及其混剂。

(二) 适用农药

根据农业部对农药管理使用要求，农药使用除必须严格按照相关法律法规、标准等要求外，适用农药由农业部发布指南，列入使用许可范围的农药方可在茶园中使用。根据无公害茶园生产要求，茶园可以选择应用的农药品种列于表 5-8 中。

表 5-8　无公害茶园可使用的农药品种及其安全标准

农药品种	使用剂量 [g(ml)/亩]	稀释倍数	安全间隔期 （天）	施药方法及 每季施用限量
80%敌敌畏乳油	75～100	800～1000	6	喷雾 1 次
35%赛丹乳油	75	1000	7	喷雾 1 次
40%乐果乳油	50～75	1000～1500	10	喷雾 1 次
50%辛硫磷乳油	50～75	1000～1500	3～5	喷雾 1 次
2.5%三氟氯氰菊酯乳油	12.5～20	4000～6000	5	喷雾 1 次
2.5%联苯菊酯乳油	12.5～25	3000～6000	6	喷雾 1 次
10%氯氰菊酯乳油	12.5～20	4000～6000	7	喷雾 1 次
2.5%溴氰菊酯乳油	12.5～20	4000～6000	5	喷雾 1 次
10%吡虫啉可湿性粉剂	20～30	3000～4000	7～10	喷雾 1 次
98%巴丹可溶性粉剂	50～75	1000～2000	7	喷雾 1 次
15%速螨酮乳油	20～25	3000～4000	7	喷雾 1 次
20%四螨嗪悬浮剂	50～75	1000	10*	喷雾 1 次
0.36%苦参碱乳油	75	1000	7*	喷雾
2.5%苦参碱乳油	150～250	30～500	7	喷雾
20%除虫脲悬浮剂	20	2000	7～10	喷雾 1 次
99.1%敌死虫	200	200	7*	喷雾 1 次
Bt 制剂(1600 国际单位)	75	1000	3*	喷雾 1 次
茶尺蠖病毒制剂(0.2 亿 PIB/ml)	50	1000	3*	喷雾 1 次
茶毛虫病毒制剂(0.2 亿 PIB/ml)	50	1000	3*	喷雾 1 次
白僵菌制剂(100 亿孢子/g)	50	1000	3*	喷雾 1 次
粉虱真菌制剂(10 亿孢子/g)	100	200	3*	喷雾 1 次
20%克芜踪水剂	200	200	10*	定向喷雾
41%甘草膦水剂	150～200	150	15*	定向喷雾
45%晶体石硫合剂	300～500	150～200	采摘期禁用	喷雾
0.6%石灰半量式波尔多液	75000		采摘期禁用	喷雾
75%百菌清可湿性粉剂	75～100	800～1000	10	喷雾
70%甲基托布津可湿性粉剂	50～75	1000～1500	10	喷雾

注：* 表示暂执行的标准

三、防治技术

白化茶园病虫害防治要在遵循"预防为主、综合治理"方针前提下，尽可能采用生物防治、物理防治和农业防治相结合的措施，尽量做到少施或不施化学农药，尽量不在采摘季节使用农药。

（一）封园

封园在茶园病虫害防治中显得十分重要。一般在秋茶生长结束后至严冬来临前进行。常用农药为商品晶体石硫合剂，用浓度45%稀释150倍水液喷洒于茶树；封行茶园喷施前一般先进行茶行修剪，以便药剂能喷洒到树冠内部、下部。

（二）农药防治

要做到对症下药、适期施药、适量用药、轮换用药、适区选药，正确把握安全间隔期（详细方法可参照全国农业技术推广服务中心编《中国植保手册·茶树病虫害防治分册》）。

1. 黑刺粉虱

药防指标为每百叶6头以上时，在卵孵化盛末期使用，浙江地区一般在4月中下旬。防治农药为吡虫啉、辛硫磷、粉虱真菌等。

2. 螨类

药防指标为每平方米叶面积有虫3～4头或指数值6～8；防治适期为发生高峰期前，一般为5月中旬至6月中旬，7月中下旬至8月底。防治农药有克螨特、四螨嗪、灭螨灵。

3. 假眼小绿叶蝉

第一、二峰百叶虫量分别超出6头、12头或每平方米分别超过15头、27头；防治适期为入峰后（高峰前期）、若虫占总虫量的80%以上。防治农药有溴虫腈、茚虫威、吡虫啉、杀螟丹、联苯菊酯、氯氰菊酯、三氟氯氰菊酯、Bt制剂等。

4. 茶尺蠖

4月下旬后注意虫口变动情况，百叶虫口达到5头时应加以防治，防治适期为1～2龄幼虫，尽量在虫口点状分布时挑治。药剂采用茶尺蠖核多角病毒制剂联合菊酯类或苏云金杆菌（BT制剂）混施。

5. 茶赤星病

冬季时对易发茶园做好石硫合剂封园工作。密切注意春茶期间病情动态,一旦有发生痕迹,应及早采去感染芽梢,并用苯菌灵、甲基托布津、多菌灵等进行点状防治,避免大规模发生。因多数发生在茶叶采摘季节,农药防治应慎之又慎。

6. 茶白绢丝病

高温多湿季节来临前,对可能发生的茶园提前采用甲基托布津、多菌灵、苯菌灵等进行一次药剂根部浇施;发现疫情时,应及时对病株及周围土壤进行隔离处置。

(三)物理防治

物理防治是绿色防控的重要技术内容,包括灯光诱捕、色板诱捕等。其中色板防治黑刺粉虱、小绿叶蝉是当前行之有效的方法。

色板防治黑刺粉虱一般在第一代虫口大量孵化盛末期使用,用量视虫情而定,一般亩放置10～20块黄色板,均匀插于茶园树冠10～20cm上方,期间尽量避免雨水期使用(图5-22)。

图5-22 色板诱捕茶园害虫

叶蝉类由于世代重复、发生时期长,色板防治效果不及黑刺粉虱。防治方法与黑刺粉虱相似,在若虫发生高峰前采用绿色板诱捕。如无雨水等影响,一般在10～20天后进行换板。

第五节　生理保护

除因白化特性引起的日光灼伤等生理障碍特殊现象外,低温冰冻、霜冻、涝渍、高温干旱、沙尘暴等灾害性气象,也会造成光照敏感型白化茶树的生理伤害。

一、冻害

冻害分冬季严寒引起的茶树生理伤害和春寒引起的新梢生理伤害。

(一)冬季冻害

冬季冻害有冰冻、雪冻、干冻等三种情况。

冰冻、雪冻,是指持续阴雨、下雪,导致茶树地上部分冻积。积雪覆盖一般对茶树不会构成损害,但长时间持续积冰,会导致茶树叶片和枝梢腐烂死亡,立体茶园因冰冻期间枝梢暴露在积雪之上受冻更加严重;干冻,主要是由低温引起土壤结冰,而地上部分经受严寒考验,干燥加烈风,能加剧受冻程度。成龄茶园成熟枝叶在零下5℃以下气温时,会出现不同程度冻伤;茶树受冻达到5级冻害程度时,冠面枝梢死亡,对翌年产量造成严重损害(图5-23)。

图5-23　茶园冰冻、雪冻和干冻状况

叶片呈黄绿色、绿色等返绿良好的白化茶,防冻能力不亚于常规品种,但黄色程度以上的白化茶抗冻能力较弱；一、二年生幼龄茶园因根系浅，根基部皮层较薄，容易受冻，－5℃时可能出现致死现象；成龄茶树一般能在－10℃条件下安全越冬。

冬季防冻工作主要有：每年多施早施有机肥、少施无机肥，改善树体机能和营养组分，提高抗寒能力；采取地面覆草保墒办法，提高土温；幼龄茶园在严冬来临前结合基肥、深翻进行根部培土等保暖；成龄平面茶园修剪时间推迟到冬季结束后进行，抗冻最有效办法是茶园大棚覆盖越冬，尤其在年活动积温4500℃以下区域。

（二）春季冻害

春寒主要是暗霜、明霜、冰冻侵袭新梢芽叶，危及春茶生产。暗霜，发生在气温0℃时，茶园无明显积霜现象，但对幼嫩芽叶已能造成生理冻伤；明霜，发生在气温0℃以下，茶园能看见白色积霜；冰冻，发生在气温0℃以下，树体部分出现积冰现象。三种冻害现象对茶树新梢的伤害程度渐次加重。

春寒冻害发生新梢鳞片展开后（即俗称露白），鱼叶和真叶均会受冻死亡。轻度受冻时，芽体或叶片背面出现暗红状色泽，芽叶仍能萌展，鲜叶品质受到影响；中度受冻时，芽叶出现红变、枯焦，后续芽叶可继续萌展生长（图5-24左）；重度受冻，会导致春茶绝收。

图5-24　左：春梢中度受冻状；右：茶树喷灌除霜后积冰现象

春寒冻害防护比冬季防冻更加重要。其防护的主要手段有：

一是选择合适地段、品种和建立防护林，做好基础防护措施。

二是密切注意茶芽萌展期天气预报，寒潮来临前，及时采摘芽叶，减少

115

损失。

二是采用大棚覆膜保护。大棚覆膜保护是最有效的防冻手段,尤其是在低积温区域,可以免受冻害和促进早采,但要防止因覆盖导致白化不足的问题;防霜扇在气温－2℃以上时防冻效果显著,适用于低谷开阔地带茶园。

四是喷水去霜。遇气温在冰点及以上的轻度积霜,在积霜即将融化前的清晨,用机动喷雾机大量喷水消融积霜、冰晶;气温在冰点以下、喷雾后出现积冰时,则应延长时间喷水,直到不出现积冰现象为止,如大量喷水无法融化冰晶,则应放弃这种方法,否则会加剧茶树新梢和叶片冻害(图5-24右)。

二、涝渍

影响茶树生长的涝渍主要有积水涝害、阴雨浸渍、湿热浸渍等三种形式,其中第二种损害频率较低。

(一)积水涝害

一些山坡低洼地段、泉眼周边或地下水位高、没有打破犁底层的台地,容易出现长期积水状况,从而对茶树产生涝害。积水地段随着茶树树龄增加,根系向地下深入,涝害情形逐渐加重,出现成批发育不良、全株死亡等现象,尤其是冬季突然来临的低温冰冻,茶树迅速出现枝叶枯红、根部腐烂,随后全株死亡(图5-25左)。

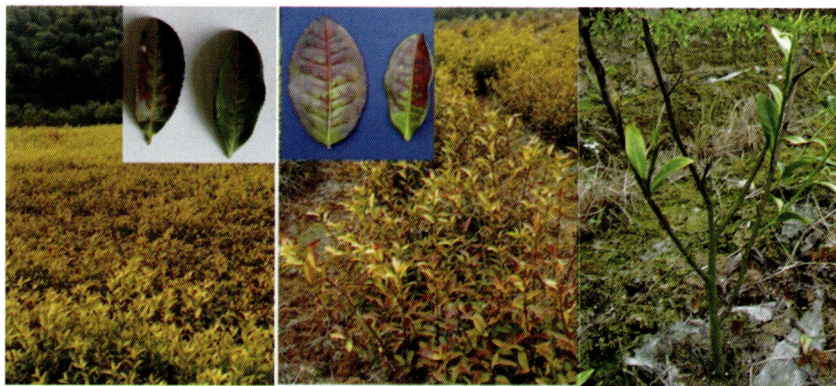

图5-25　三种不同的茶园涝渍现象

(二)阴雨浸渍

冬春茶树休眠期遭遇长时间的阴雨天气时,会造成茶树生理障碍,即使透水良好的坡地砂质土壤茶园,也会出现类似情形。受渍茶树程度较轻时,叶片叶肉部分呈枯红色;严重时叶片红变,直致枯落(图 5-25 中)。

(三)湿热浸渍

白化良好的幼龄茶树在春夏之交,因土壤水分饱和、高温湿热侵袭,会出现落叶、枯死现象(图 5-25 右)。

茶树涝渍侵害的防治办法是,建园时合理规划,充分考虑排灌系统的完善,科学建立排水沟渠;水稻地要打破犁底层,改善园地状况;多雨季节及时做好排水工作;涝渍受损严重茶园通过修剪、清理茶园土壤等,改善茶园生态,复壮树势。

三、高温、干旱

高温、干旱是茶园常见灾害性气象,对于光照敏感型白化茶来说,容易加重茶树日光灼伤带来的伤害。干旱可能单独对茶树造成伤害,而高温和干旱往往联系在一起,影响茶树产量、树势和生命。

(一)冬春干旱

指冬春之际茶树休眠期所遭受的生理胁迫现象,对秋栽茶苗和春茶生产影响很大。秋栽茶苗因完全处于根系创伤尚未痊愈、新生根系尚未形成的"假活"状态,植株水分来源主要依赖根周土壤水分的渗透压差和根系部分吸附来获得,因此生命力特别脆弱。当根周土壤持水量下降到一定程度时,即造成茶苗生理胁迫甚至枯萎死亡。成龄茶园则处于根系活动盛期,水分不足时,无法积累翌春生育所需养分,导致树势减退。

(二)春季干旱

春茶萌展生长期间出现的旱情。这一时期是新种茶苗移栽后第一个新生根系和枝叶发育时期,植株生存能力仍然十分脆弱,持续干旱会使根系发育不良,水分吸收量不能满足植株水分需求,导致水分供求失衡,同时由于白化茶幼嫩叶片叶绿素含量少、防灼能力差,轻者出现叶片枯落、重者则全株死亡;对成龄茶园来说,则直接导致萌芽数量和质量下降。这种情况在旱、雨季分明的西南茶区影响更为明显。

(三)高温干旱

发生在夏秋季节,高温、干旱交织在一起。茶苗由于根群入土较浅,发育水平和抗逆能力低,在灼热严酷气候下,水分得不到补偿,造成正常生理受抑、失水、枯萎、死亡等生存灾难;成龄茶树则会出现叶层红变、枯焦、落叶和死亡。2013 年夏季是非常典型的高温干旱灾害性气候,图 5-26 左边是当年夏季高温干旱初期,土壤水分供应正常,但茶树新梢无法抵御 40℃高温晴天,朝西一侧严重灼伤;右图在干旱后期茶树严重缺水,导致新梢全部失水枯死。

图 5-26 夏季高温干旱对茶树的损害

白化茶园的高温、干旱防护管理十分重要,除了选择适宜的茶园条件和前述的土壤耕作措施外,遮阴、供水是最积极的抗逆途径。

茶园遮阴能起到降温、减光、减少水分蒸发,对光敏型茶园来说,既可防止日光灼伤,也是抵御高温干旱影响的有效措施;一般经历连续晴天 15 天以上的高温干旱天气后,出现干旱气象,土壤干燥缺水,茶树新梢生长明显滞育,这时应进行灌水;幼龄茶园,结合每月一次液肥可以有效地起到抗旱的效果(图 5-27)。

四、其他生理保护

茶园中草甘膦等除草剂使用不当、溅及茶树时,能造成叶片枯焦、脱落等生理伤害(图 5-28),导致幼龄茶树死亡,成龄茶树往往只能通过修剪来缓解茶树药害,造成茶树树冠受损和减产减收,而使用含氯肥料会导致茶树更严重的茶树损害,直接造成茶树难以挽救的成批死亡。

春茶生产期间,江南茶区往往遭遇北方沙尘暴的侵袭。鲜叶沾上沙尘微粒后,质地大受影响,表现为摊青困难,手感黏重,成品香气不足,滋味不纯,叶底浑浊等劣变现象。沙尘暴侵袭茶园后,经雨水冲刷或喷灌洗尘,可恢复茶叶本来品质。

118

图 5-27　茶园喷灌抗旱

图 5-28　草甘膦造成茶树药害症状

第六章　鲜叶技术

鲜叶是茶树作为饮料作物栽培的采收目标。光敏型白化茶的芽叶多季白化、多季可采与多茶类适制特性,决定了鲜叶质量和采摘处理的特殊性。

第一节　鲜叶质量

光敏型白化茶鲜叶质量由外在质量和内在质量共同决定,通过外在质量可以大概窥见内在质量状况。外在质量则由芽叶色泽、鲜叶嫩度和芽体形态等因子所决定,受到品种属性、萌展季节、树冠模式等影响,其中白化程度是体现品质特色、衡量鲜叶质量高低的决定性因子。

一、质量因子

(一)白化程度

黄色白化程度是光敏型白化茶的典型芽叶色泽特征,也是构成鲜叶质量的重要指标。光敏型白化茶幼嫩芽叶色系由浅绿(红色)、浅黄、黄色、金黄、黄泛白等色阶组成,其中浅绿、红色芽叶为未白化芽叶,红色芽叶出现在气温较高时黄金芽的一叶初展前、醉金红的二叶前。为便于对鲜叶白化程度的把握,现将光敏型白化茶鲜叶按白化度分为未白化(浅绿、红色)、轻度白化(浅黄色)、良好白化(黄色)和充分白化(金黄色、黄泛白)等四个等级(图6-1)。白化茶加工品质呈现鲜叶黄色程度提高、品质趋好的规律。因此,鲜叶品质高低可据此排列。

(二)芽叶嫩度

芽叶嫩度是衡量鲜叶质量的主体标准之一。常规品种的绿茶、红茶、黄茶等鲜叶原料一般分为精品、特级、普级等级段,对应的鲜叶嫩度为单芽、一叶初展至二叶初展、二叶开展至三叶等鲜叶嫩度;常规品种的青茶分小、中、大开面等。考虑到光敏型白化茶在一叶初展前芽体往往白化不足和单芽的经济效应,鲜叶原料分级作适当调整,避免采摘过嫩芽叶(表6-1)。

| 浅绿色(389C) | 浅黄色(383C) | 黄色(102C) | 金黄、泛白(115C、100C) |

图 6-1　白化茶鲜叶一芽一、二叶白化程度分级标准

表 6-1　不同茶类鲜叶原料分级

茶树品种	适制茶类	精品	特级	普级
常规品种	绿、红、黄茶 青茶	单芽	一叶初展至二叶初展为主 小、中、大开面	二、三叶为主
光敏型 白化茶	绿、红、黄茶 青茶	一叶初展	一叶开展至二叶初展为主 小、中、大开面	二、三叶为主

（三）芽叶形态

芽叶形态主要包括芽叶长短、粗细、茸毫多少等,也包括不同季节和萌展期的芽叶肥瘦情况。本书所列相关品种中,御金香茸毫中等,黄金芽家系茸毫很少;芽体长短依次是黄金甲、醉金红、黄金芽、金玉缘,御金香芽叶长度虽与黄金芽接近,但因芽体粗壮,芽体显得很短。黄金芽家系属于数量型种,而御金香属于芽重型种(表 6-2)。

表 6-2　不同品种春梢芽叶质量状况(2013 年)

品种	茸毫多少	一芽一叶			一芽二叶		
		芽梢长(cm)	芽体长(cm)	百芽重(g)	芽梢长(cm)	芽体长(cm)	百芽重(g)
黄金芽	少	3.0	2.1	9.9	4.3	2.6	18.7
黄金甲	少	3.5	2.8	10.8	4.8	3.2	22.3
醉金红	少	3.1	2.7	10.0	4.2	2.6	22.8
金玉缘	少	2.8	2.1	7.8	3.7	2.5	18.0
御金香	中	3.2	2.6	14.1	4.3	2.8	24.8

（四）鲜叶质地

鲜叶质地有软硬质感和叶张厚薄之分。随着白化程度和萌展程度的提高,芽叶总体上叶张趋于瘦薄、叶质趋于硬化,但这种趋势明显不及低温敏感型白化茶。未白化鲜叶质地,一芽二叶初展以上嫩度的鲜叶芽体往往表现出与常规品种鲜叶相近的特点,叶质肥嫩,柔软适中,适合加工做形;充分白化鲜叶,叶张莹薄,叶质硬化,易受强风、光照侵袭。品种间比较,树势强盛的品种如御金香差距较小,而其他品种差距明显。

二、影响因素

生产上总是希望获得最佳白化程度的鲜叶原料,但鲜叶质量总会受到品种属性、树冠模式、萌展季节、生态条件及其栽培措施等影响。

(一)品种属性

品种属性除了决定芽叶形态、适制茶类外,白化的种间差异是影响鲜叶质量的重要因素。光敏型白化茶总体上属于芽白型白化茶种,但在春茶前期的一叶展前往往白化不足,一叶期后才呈现典型黄色特征;金玉缘总体上叶色呈复色,但一芽二叶前复色多不明显;醉金香春梢前期呈黄色,后期和夏秋梢呈红色;御金香的春秋梢呈黄色,夏梢呈绿色,但幼嫩秋梢基本达不到黄泛白色的最高白化程度,而是在形成驻芽时才充分表现白化(表6-3)。

表6-3 不同品种一芽二叶期典型芽叶色泽

品种	芽体色泽			叶片色泽		
	春梢	夏梢	秋梢	春梢	夏梢	秋梢
黄金芽	黄色	浅红色	黄色	黄或金黄	黄或金黄	金黄色
黄金甲	黄色	偶显红色	黄色	黄或金黄	黄或金黄	金黄色
醉金红	黄或红色	红色	红色	黄或金黄	黄或金黄	金黄色
金玉缘	黄色			黄或复色		
御金香	黄色	绿色	黄色	黄色	绿色	黄色

(二)树冠模式

在栽培条件下,茶树一年能萌发4～5轮新梢,新梢发育有着顶端优势、同步萌展性、阶段性、生长轮性、生理梯度等生物学特性。生产枝层枝梢数量和质量不同,决定了平面采摘与立体采摘茶园的不同树冠模式,因此也影响到芽叶的形态和白化程度。

平面采摘茶园的新梢萌展在树冠表面,密度大,芽体小,受光均匀,白化度接近,立体采摘茶园的新梢萌展深入树冠内部,芽体大,上下部位芽叶受光不均匀,白化度差异大。

对于芽叶形态相对瘦小的黄金芽家系品种来说,采用平面采摘茶园时鲜叶白化度相对均匀,但芽叶形态偏于瘦小,尤其是后期芽叶较为瘦薄;而芽叶形态粗壮的御金香在投产初期,如不进行控梢促密,容易导致芽叶过于粗壮。

立体茶园树冠上下部芽叶形态较为均匀,而随着树冠的扩大,下层光照减少,芽叶白化程度随之下降,这就是成龄高产茶园品质不及幼龄茶园的主要原因。

(三)萌展时间

光敏型白化茶的多季白化特性,构成多季生产高品位茶叶的优势。但不同萌展期、轮次间和季节间的芽叶质量存在较大差异。

由于光敏型白化茶对光照十分敏感,同为第一轮芽叶的春茶不同枝梢部位的萌展时间差异,导致芽叶质量的不同。一般前期光照相对偏弱,芽叶白化度不足,茶芽形态好,百芽重大;中后期光照增强,芽叶白化度提高,而茶芽形态、百芽重下降。

光敏型白化茶立体采摘茶园的春茶具有持续萌发能力,第一轮芽叶采摘半个月后,采摘留存的鱼叶、鳞片部位能萌发出第二轮、第三轮新梢(图6-2),从传统茶叶分季划分看,依然属于春茶。这两轮茶的黄色程度好于第一轮茶,一芽一叶期的芽叶大小接近第一轮茶,二叶展后叶形明显增大,呈现芽小叶大特征(图6-3左)。因此,在延长采摘时间时,应充分把握不同嫩度的芽叶特征,这样才能有效地提高春茶优质鲜叶的产出量。

图 6-2　黄金芽春梢上萌展
　　　　茶芽状况

图 6-3　黄金芽第二轮(左)
　　　　与第一轮芽叶状态比较

季节间比较,总体上,夏秋茶白化程度好于春茶、内质逊于春茶,"鲜叶越黄、品质越好"的趋势只适合同季茶叶不同白化度的比较。但不同季节的品质差异与光照相关密切,阴雨天气的芽叶白化度总是不及晴朗天气的芽叶白化度。江浙地区的梅雨季节和雨水偏多年份的夏季,芽叶白化度往往大幅下降,甚至看不到芽叶白化,而秋高气爽时节,往往呈现"黄金满园"的靓丽色泽。

(四) 其他影响

茶园生态对芽叶质量特别是白化程度影响显而易见。蔽荫地段、遮阴程度大的茶园芽叶白化度明显下降(图 6-4)。因此,园间套种遮阴植物一般选择疏枝、春季光照无遮挡的落叶树种;成龄茶园必要时要进行树冠中下部、茶行两侧整修,防止过度郁闭、树梢过密而导致白化不足。

图 6-4　套种遮阴植物对茶树叶色的影响

三、鲜叶标准与适制性评价

我国有六大传统茶类,每一大类又有很多分支,每一茶类都要求有相适制的品种群及其鲜叶质量标准。光敏型白化茶的鲜叶质量不同于常规茶树主要依据嫩度为标准,而是以嫩度、白化度等双重标准来衡量;根据不同品种的鲜叶质量采制相适应的茶产品。

(一) 鲜叶质量标准

如上所述,光敏型白化茶鲜叶质量是由白化程度、芽叶嫩度、芽叶形态、质地等四项质量因子构成,但在实际生产中,因子之间往往难以取得全面协调,而鲜叶标准也不可能分得过细。因此,既能反映品质特色、又能体现加工品质的鲜叶质量标准依据是白化程度和芽叶嫩度等两项因子,其他因子则根据白化程度、嫩度在采摘或加工时适当调整。

白化程度和芽叶嫩度等两项因子的协调处理方法是,当芽叶嫩度处于可选范围时,选择良好的白化度是鲜叶质量标准追求的重点;当芽叶已经萌展到一定嫩度、而白化度表达不充分时,嫩度就成为鲜叶质量标准的主要依据,即使白化度不足,也必须进行采摘。这样,根据上述三个嫩度级段和四种白化分级,可以比较容易地把握鲜叶质量标准。

(二)不同茶类适制性

本书所介绍的品种均适合采制绿茶、红茶、黄茶,其中御金香还适合采制青茶,但各品种在不同季节依然存在适制性差异(表6-4)。其中黄金芽、黄金甲、金玉缘在春茶前期,倾向于适制绿茶,夏秋茶以红茶优先;醉金红倾向于适制红茶,御金香的成熟鲜叶可适制青茶。

表6-4　不同品种的适制性

	春茶前期	春茶后期	夏茶	秋茶
黄金芽、黄金甲、金玉缘	绿茶为主,兼制红茶、黄茶	兼制红茶、绿茶、黄茶	红茶为主,兼制绿茶、黄茶	兼制红茶、绿茶、黄茶
醉金红	绿茶为主,兼制红茶、黄茶	红茶为主,兼制绿茶、黄茶	红茶为主,兼制黄茶	红茶为主,兼制绿茶、黄茶
御金香	绿茶、红茶、黄茶、青茶		红茶	同春茶

(三)不同风格适制性

绿茶、黄茶比较注重产品外形风格,这就要求选择较为合适的茶树品种。芽形越短,越趋向于适制扁形茶、芽形茶;芽形越长,越趋向于适制针形茶、卷曲茶、蟠曲茶。白化程度越高,产品特色越明显,但对高度白化的黄金芽家系加工扁茶时,干茶色泽容易产生黄而不亮的暗色,而加工成卷曲形、蟠曲形茶则显得金黄鲜活。鲜叶嫩度越高,越趋于适制扁形、芽形、条形、针形茶;而嫩度越低,越趋向于适制干茶外形紧塑的蟠曲茶,一芽一叶嫩度以上的御金香和黄金芽前期芽叶往往无法加工形态完好的卷曲、蟠曲茶(表6-5)。

芽形茶多选用单芽、雀舌状鲜叶原料,加工做形简单,产品美观,芽头粗壮、多毫的品种如御金香特别合适,而黄金甲芽体过长、金玉缘相对较小,采制芽形茶费工耗料,不太合适。对光照型白化茶来说,由于单芽、雀舌状鲜叶往往白化不足,品质特色不显,因此不提倡采制单芽、雀舌状鲜叶原料。

125

表 6-5　白化茶品种的绿茶、黄茶工艺适制性评价

	芽形茶	扁形茶	针形茶	条形茶	卷曲形茶	蟠曲形茶
黄金芽	＋＋	＋	＋	＋＋	＋＋	＋＋
黄金甲	＋	－	＋＋	＋＋	＋＋	＋＋
醉金红	＋＋	＋	＋＋	＋＋	＋＋	＋＋
金玉缘	＋	＋	＋	＋＋	＋＋	＋＋
御金香	＋＋	＋＋	－	＋＋	＋	＋＋

注:＋＋,非常适合;＋,适合;－,不太适合

　　扁形茶的典型鲜叶原料要求是笋状单芽、雀舌状、一叶初展鲜叶,嫩度越高,加工成品外形越好;采用单芽时,前期芽叶短粗,成品形态优美,后期单芽瘦长,成品会失去传统风格。从产品形态来要求,黄金甲芽体秀长,不适合加工,其他品种相对合适;从色泽要求,高度白化程度的黄金芽等家系品种扁茶加工技术要求很高,若加工不当,色泽容易失去鲜活光泽,显示出与陈茶相似等缺陷。

　　对针形茶加工来说,选用原料级别高低不同,加工难易程度、产品美观程度相差也很大。越高级原料,如单芽,工艺流程越简单,产品形态越优美,而嫩度在一芽二叶以下的后期芽叶,芽小而叶大,往往难以达到理想的外形。一般而言,最佳形状的针形白化茶多取中前期的一芽一叶、芽长于叶的鲜叶。就品种来说,黄金甲芽叶秀长,十分合适;御金香芽形肥短,成品无法展现针形特点。

　　条形白化茶宜用二叶初展以上嫩度、锋苗长的鲜叶为原料,若采制二叶展以下嫩度,茶形过于粗长,而留大叶采制单芽,茶形似针而不成条。嫩度合适时,所有光敏型品种均适合采制。

　　卷曲茶采用鲜叶原料一般用一芽一叶初展或开展叶,单芽加工的卷曲茶外形并不完美,当采用一芽二叶以上的粗大原料时,加工产品又存在着外形松散问题。但御金香茶在一芽二叶嫩度相对合理,若采取一叶展嫩度,由于芽头粗壮而成形困难。

　　蟠曲茶是塑形能力很强的工艺,一般适用一芽一叶开展至三叶展鲜叶原料,后期芽锋不壮、叶形粗大的茶叶加工成蟠茶,往往能得到完美外形,而单芽和一叶初展鲜叶因芽壮叶小成形反而困难。

(四)青茶适制性

　　御金香具有良好的青茶(铁观音)适制性,采用春、秋白化新梢成熟芽叶加工的青茶色泽显黄、香气清幽、滋味醇鲜、耐冲泡。春梢鲜叶嫩度一般采用中开面,而秋梢采用小开面至大开面的嫩度(图 6-5)。

图 6-5　御金香秋梢及鲜叶状态

第二节　采摘技术

光敏型白化茶具有多季白化、多季生产高品位茶和多茶类适制的潜力，鲜叶采摘应根据品种特色和适制目标，通过采与留、量与质之间的协调，保障茶树合理长势，达到优质高产稳产目的。

一、基本原则

光敏型白化茶鲜叶原料基本要求是"一黄、二嫩、三适制"，即白化程度理想、嫩度适当、适制性好。采摘时，要把握好质量、产量、树势等三者关系。

1. 突出质量，追求产量

光敏型白化茶的高品位源于它的黄化特色和品质成分。在确保品质基础上追求产量最大化，是采摘技术的关键所在。光敏型白化茶芽叶多季黄化特性，鲜叶采摘要结合芽叶萌展状况，尽量拉长采摘时间，最大程度地提高产量。

2. 强调适制，分类采摘

鲜叶质量由白化度、嫩度等因子所组成，受品种属性、树冠模式、萌展季节等条件所影响，不同茶类又有着不同鲜叶要求，因此，可根据不同品种、季节萌展特点和鲜叶质量状况决定适制茶类的鲜叶采摘,发挥鲜叶的最佳适制优势。

3. 兼顾树势,采留分季

茶树周年能萌发4～5轮新梢。在江浙茶区,一般经过秋梢蓄养后,能形成翌年春茶生产高产树冠。因此,立体茶园可利用持续萌芽特性延长春茶采摘时间,采摘春茶修剪后萌发的二轮茶,而后进行蓄养;平面茶园在采摘春、夏、秋茶基础上,晚秋梢实行蓄养,这样可大幅提高茶园产量。

二、采摘方法

根据上述原则、采期和原料标准,在采摘上要求做到标准采、适时采、分段采和留叶采。

1. 标准采、分级采

一叶开展叶和二叶初展叶是白化茶鲜叶的主流。春茶前期芽叶粗壮,应尽量采摘一芽一叶以上高档原料,后期由于芽叶质量的自然下降、漏采等因素影响,采摘嫩度应随之降低;二轮茶后由于持嫩性下降,因此一般以一芽一、二叶为主(图6-6)。

图6-6 黄金甲(上)、黄金芽(下)春梢不同嫩度

在实际生产中,两种鲜叶嫩度的大小应根据不同树冠模式、树龄、冠面分枝密度的茶树来决定。

树龄在三龄以下、分枝密度小于20个/尺^{2}的立体茶园,采摘一叶开展为主的鲜叶;树龄在四龄以上、分枝密度大于20个/尺^{2}的立体茶园,采摘二叶初展为主的鲜叶,这样控制的鲜叶原料规格大小比较接近。

黄金芽、黄金甲、金玉缘等品种在春茶一芽二叶以上嫩度、白化良好的幼嫩芽叶以绿茶为主,低档鲜叶和二轮茶以红茶为主,采制黄茶时参考绿茶要求;醉金红在春茶前期芽叶不显红色时以绿茶为主,其他芽叶以红茶为主;春梢蓄养的御金香在5月下旬和晚秋茶打顶采制铁观音茶(表6-6)。

表6-6　浙江地区立体茶园不同品种采期及鲜叶标准

品种	采期			
	4月中旬前	4月下旬	5月下旬前	10月上旬
黄金芽、黄金甲、金玉缘	一芽二叶初展以上嫩度,绿茶为主	一芽二、三叶嫩度,红茶为主	一芽一、二叶嫩度,绿茶、茶红茶	一芽一、二叶嫩度,绿茶、红茶
醉金红	一芽二叶初展以上嫩度,绿、红茶	一芽二、三叶嫩度,红茶为主	一芽一、二叶嫩度,红茶为主	一芽一、二叶嫩度,红茶、绿茶
御金香	一芽二叶初展以上嫩度,绿茶为主	一芽二、三叶嫩度,红茶为主	二轮梢:红茶;蓄养时:青茶	青茶

平面茶园在一、二龄时,采摘一叶开展为主的鲜叶,三龄以后以一芽一叶为采摘重点。由于平面茶园必须保持持续的采摘才能维持下一轮次鲜叶正常采摘,因此维持一、二叶采摘嫩度有利于产品质量的保证(表6-7)。

表6-7　浙江地区平面茶园不同品种采期及鲜叶标准

品种	采期			
	春茶	梅茶	夏茶	秋茶
黄金芽、黄金甲、金玉缘	一芽二叶初展以上嫩度,绿茶为主	一芽一、二叶嫩度,红茶为主	一芽一、二叶嫩度,红茶为主	一芽一、二叶嫩度,绿茶、红茶
醉金红	一芽二叶初展以上嫩度,绿茶、红茶	一芽一、二叶嫩度,红茶为主	一芽一、二叶嫩度,红茶为主	一芽一、二叶嫩度,红茶
御金香(幼嫩叶)	一芽二叶初展以上嫩度,绿茶为主	一芽一、二叶嫩度,红茶为主	不采,或采制常规红茶	一芽一、二叶嫩度,红茶、绿茶
御金香(开面叶)	青茶(中开面)	一芽一、二叶嫩度,红茶为主	采制常规红茶	青茶(各种开面)

2. 适时采、分批采

根据标准采要求,及时分批采摘芽叶。这主要应掌握它的开采期、采摘周期。

开采期,通常是指每季茶采摘第一批芽叶的日期,茶园中20%茶芽达到嫩度、白化度采摘要求时为开采适期。如前所述,因气候原因导致芽叶不能白化而嫩度已达到标准时,必须进行开采。

立体采摘茶园由于采期短,批次少,要通过分批采来提高后续茶芽的萌发量,尤其留鲜叶采后鱼叶位、鳞片位萌芽能力强的品种,应及时采摘(图6-7);而平面茶园全年开采,时间跨度大、批次多,要重点把握每一批次的嫩度和白化度。

图6-7　黄金芽春梢二、三轮新梢共萌现象

3. 分段采、留叶采

分段采是根据茶树的生育特点,随着茶季的延伸,按茶树新梢萌展的生理梯度调节采摘嫩度、进行分批采摘,形成名茶—优质茶—大宗茶分段组合加工和多茶类生产的技术组成;留叶采是采摘芽叶时在树冠上保留有一定数量的芽叶或留大叶采。分段采与留叶采的技术协调,在生产上显得十分重要,但对于光敏型白化茶来说,前者主要针对高密度成龄茶园,后者仅针对弱势茶园或幼龄茶园。

第三节　摊青技术

茶树细嫩芽叶水分含量一般在75％以上,鲜叶、干茶的制干率一般为4~5比1。摊放是绿茶、黄茶加工工艺的重要组成部分,是节省劳力、燃料和提高茶叶品质的必要工序;对红茶、青茶来说,只是加工的前奏。

白化茶鲜叶摊放技术与常规品种基本一致,但由于白化茶芽叶质地相对较薄,易受损伤,因此在摊放时,技术控制有所不同。

一、摊青条件

鲜叶摊放一般采用专用摊青室、摊青架和摊叶框，并配置相应的空气调节设备。通用摊青技术要求是：

1. 摊青室

要求避阳光直射、清洁整齐卫生，配置有专门的温湿调控装置，专室专用。采用立体摊青时，摊青容量为 $10\sim15kg/m^2$。

2. 摊青架

高强度塑料、铝合金、不锈钢型材或竹木架，三足相交或四足连架，配置万向轮，高不超过 1.8m，设 $10\sim12$ 层，层间 $12\sim15cm$，边长 1.2m（图6-8）。

3. 摊青框、竹簟

摊青框用高强度塑料或竹木

图6-8　摊青架

为边框，不锈钢丝网或竹丝为底，圆形或方形，边框高小于5cm，网孔小于3mm，长、宽均为1.1m，单框摊叶 $1\sim1.5kg$（图6-9）；竹簟用薄形竹篾编织而成，一般长4m，宽2.5m，使用时展开平摊（图6-10），不使用时卷成筒状。

图6-9　摊青框

图6-10　竹簟

4. 温湿调控装置

有换气装置、空调、专用除湿器等。换气装置一般安装在外墙一侧，与进风处相对；采用空调专用除湿器时，一般 $50\sim100m^2$ 大小的摊青室配置一台 3 匹空调、一台抽湿器或配置 2 台 3 匹空调较为合理,两机在房间两侧相对安装。

二、摊青方法

进厂鲜叶先进行分批归堆,视天气和鲜叶嫩度采取相应的摊放措施。做到雨水叶与晴天叶分开,上午鲜叶与下午鲜叶分开,不同大小、不同品种鲜叶分开,然后及时摊放在摊叶框上。

(一) 技术要素

1. 摊青厚度

按嫩叶薄摊、老叶厚摊原则,厚度一般掌握在 1～3cm,绿茶、黄茶不超过 3cm,每框摊叶 1～1.5kg;红茶、青茶控制在 1cm 内,以芽叶不重叠为适度。

2. 摊青时间

原则上晴天短摊、阴天长摊、雨天加设施摊。绿茶以 4～24 小时为宜,摊放在 4 小时以上时,应视鲜叶情况适度翻叶,以均匀鲜叶程度;红茶、青茶一般摊放 0.5～4 小时后分别进入萎凋、凉青工艺。

3. 温湿调控

雨水叶先脱水处理后再薄摊风吹,低温天、阴雨天启动通风除湿装置。一般要求摊青温度 22～25℃、湿度小于 60%。启动温湿调控装置时,摊青架应保持一定距离,同时每隔 2 小时将机器附近的摊青架轮换到较远的地方,这样,防止因抽湿过度引起伤叶。

4. 摊青程度

绿茶、黄茶原则上鲜叶摊至叶质预柔软、叶色失润、鲜茶香气充分显露为度,即足摊,失水率约为 25%～30%(图 6-11)。把失水率控制在程度上限,更有利于加工把握,但也要根据不同香味风格的适制性加工要求,调整摊青程度。

(二) 不当处理

绿茶、黄茶在摊放过程中容易产生以下几种不当情况:

1. 失水过速、摊放不均

这种情况多数出现在晴天、干燥、大风的天气和温度骤升期采摘的鲜叶。由于叶片质地较薄,叶片失水速率要快于芽茎部分,鲜叶采摘过程中已经失去了一定水分,摊放过程中由于空气湿度低,芽茎部分的水分未能及时

图 6-11　鲜叶与摊青叶(右)状态比较

向叶片部分转移,鲜叶容易出现摊放"到位"的假象,或出现叶片枯萎、卷边、焦边等摊放过度现象。这种摊放叶杀青时容易出现芽茎不熟、叶片焦爆的现象。白化程度和气温越高,越容易产生这种现象,二轮梢采摘的鲜叶越要注意这个问题。调整方法是,在摊放中适当增加摊青厚度,关闭窗户、减少空气流动,适当加有孔篾盖等,缩短摊放时间,确保鲜叶不发生红变现象。

2. 摊青过度

这种情况也多数出现在晴天、干燥气候条件下采摘的鲜叶。由于鲜叶采摘过程中已经失去一定水分,摊放时间过长、程度过大时,出现叶片枯萎、卷边、焦边等摊放过度现象。这种摊放叶杀青十分容易,多数杀青可获得色泽明快、香气高爽、滋味鲜醇的良好效果,有利于后续工艺的进行,但也容易出现芽叶焦爆现象。改善这种现象的措施是,在摊放中适当增加摊青厚度,缩短摊青时间,适时翻动鲜叶,提前进行杀青。

3. 失水滞缓、摊放不足

这种情况多数出现在阴雨天或大雾笼罩的日子,鲜叶体内水分充分饱和且表面滞水,摊放过程中又因空气湿度大,鲜叶水分无法散失,即使摊上一两天,芽叶总体依然呈鲜活状态,严重时部分出现腐烂状。这种摊放不足是茶叶采制的大忌,常规摊放手段不可能有效地扭转加工的茶叶品质。因此,除尽量避免阴雨天采摘外,调整的最佳途径是利用鲜叶脱水器先脱去表面水,再利用空调进行温湿调节,或用风扇加速水分散失速度,并减少摊放厚度。

（三）绿茶适制性处理

1. 不同鲜叶质地摊青处理

随着白化程度的提高，倾向于摊放厚度增加、程度偏轻的方法。未白化鲜叶的摊放处理基本上与常规茶相同；充分白化鲜叶，在摊放中要求适当增加摊放厚度，保持相对低温并避风，尤其是一芽二叶嫩度以上的鲜叶，要求适当降低摊放程度。晴天 20～25℃室内温度条件下，未白化鲜叶一般掌握在 1～2cm 厚度和 4 小时以上时间，而高度白化鲜叶掌握 2～3cm 厚度和 4 小时以内，这样有利于后续工艺的优化（表 6-8）。

表 6-8　不同鲜叶摊放处理比较

鲜叶	方法	失水	程度
未白化	2 小时、1～2cm	失水 20%	叶质柔软，香气稍显
	4 小时、1～2cm	失水 30%	叶质萎软，香气良好
充分白化	2 小时、2～3cm	失水<20%	茎挺叶软，香气不足
	4 小时、2～3cm	失水<30%	茎叶柔软，香气良好

2. 不同茶类风格摊青处理

加工花香型、嫩香型、清香型绿茶的鲜叶摊放程度一般掌握"从轻"原则，尤其是希望加工兰花香型茶叶的轻度白化或未白化鲜叶，应选择轻阴、微风天气，一般掌握在叶质轻度变软状态；而加工果香型、高香型、甜香型茶叶的鲜叶摊放一般要求掌握"从重"原则，尽量加大鲜叶失水程度，以利在加工工艺中使品味更加浓厚。就工艺来说，高度白化的茶叶、高度揉捻或炒制的茶叶往往难以加工出花香型、清香型茶品，因此，这类工艺所对应的鲜叶处理应当掌握摊放"从重"原则。

第七章　加工技术

光敏型白化茶具有绿茶、黄茶、红茶、青茶等多茶类适制优势,在加工不同茶类时,应通过技术方法创新和完善,充分体现黄色白化茶的产品特色。

第一节　绿茶工艺

绿茶是我国第一大茶类,花色种类繁多。光照敏感型白化茶加工的绿茶,应充分发挥不同风格产品的黄化特色。

一、工艺流程

(一)针形茶

针形茶因外形似松针而得名,有松针形、肥针形、细针形等之分,传统茶类以安化松针、南京雨花茶为代表,当今采用机械加工的针形茶外形与传统风格比较,缺乏横断面的圆紧,而变为趋于条、扁形之间的剑形茶。

适制品种:芽叶秀长、细嫩的黄金甲、黄金芽、醉金红等;

鲜叶原料:一芽一、二叶嫩度为主的白化芽叶;

品质特征:外形秀直纤似松针或秀直似剑,色泽绿显黄或金黄;茶香浓郁持久,滋味鲜醇爽口,汤色显黄明亮,叶底嫩黄或玉黄;

工艺流程:杀青,摊凉,理条,回潮,整形,理条,提香。其适配机械及参数如表7-1所列。

(二)扁形茶

扁形茶,源于西湖龙井,以"形美、色绿、香郁、味醇"四绝而誉为"国茶"。

适制品种:芽叶较短粗的御金香、黄金芽、醉金红等品种;

鲜叶原料:单芽、一芽一叶嫩度为主的白化芽叶;

品质特征:外形扁平挺直尖削匀称,色泽绿显黄或金黄;茶香浓烈持久,滋味鲜醇爽口,汤色显黄明亮,叶底嫩黄或玉黄;

工艺流程:青锅,回潮,辉锅,回潮,手工辅炒。其适配机械及参数见表

7-2 所列。

表7-1　针形茶基本工艺流程、机械配置及技术参数

工艺	机械	温度	投叶量	时间	程度
杀青	滚筒杀青机	250～280℃	30～150kg/小时	1.5～2.5分	折梗不断,芽叶紧抱
摊凉	匾簟	常温	厚度<2cm	15～30分	叶质柔软
理条	理条机	150℃	0.1kg/槽	5分	七成干
回潮	匾簟	常温	厚度3～10cm	90～120分	芽叶回软
整形	整形机	80～120℃	4～5kg/次	20～25分	八成干
理条	理条机	120℃	0.2kg/槽	5分	含水量7%左右
提香	滚筒杀青机	220～250℃	1kg/分	40～50秒	手捏成粉,茶香显露

表7-2　扁形茶基本工艺流程、机械配置及技术参数

工艺	机械	温度	投叶量	时间	程度
青锅	多功能机 扁茶机	180～200℃	0.1～0.2kg/槽	5～6分	七成干,茶香显
回潮	匾簟	常温	厚度3～10cm	60～90分	叶质稍软
辉锅	多功能机	100～120℃	0.1～0.2kg/槽	5～6分	特级以上九成干;普级足干
回潮	匾簟	常温	厚度3～10cm	60～90分	叶质微软
辅炒	电炒锅	90～100℃	0.2～0.3kg/锅	5～6分	扁平挺直光滑,香郁

上述工艺流程机械属典型扁茶工艺,配置简单,适用于小规模生产,当生产量大、劳力紧张时,青锅环节多数采用滚筒机杀青和理条机压扁的工艺组合,技术参数可参见表7-1,与针形茶的差别是,理条时必须加棒重压。

(三)条形茶

条形茶是介于针形与自然形之间的茶品。因品种、嫩度、加工设备及工艺等差异,导致这类茶在近似中见差异,或直而不挺、或直而不扁、或弯而不曲、或成朵、或似眉、或如弯剑。芽形茶也是一种条形茶。

适制品种:各类品种均适制;

鲜叶原料:一芽二叶以上嫩度为主的白化芽叶;

代表性品质特征:外形紧结秀直,色泽绿显或金黄;香气清幽持久,滋味鲜醇爽口,汤色显黄明亮,叶底完整成朵、嫩黄或玉黄。

工艺流程:杀青,摊凉,理条,回潮,初烘,摊凉,足烘。适配机械及参数见表7-3所示。

表 7-3　条形茶基本工艺流程、机械配置及技术参数

工艺	机械	温度	投叶量	时间	程度
杀青	滚筒杀青机	250～280℃	20～150kg/小时	1.5～2.5 分	折茎不断,芽叶紧抱
	多功能机	200～250℃	0.75kg/次	5～6 分	芽叶紧直稍硬
摊凉	圃簟	常温	厚度<2cm	15～30 分	叶色亮泽
理条	多功能机	120～150℃	0.75～1kg/次	4～5 分	芽叶紧直成条质硬
回潮	圃簟	常温	厚度 3～10cm	60～90 分	叶质柔软手捻不碎
初烘	自动烘干机 烘培机	120～140℃	厚度<1cm	10～15 分	七成干
摊凉	圃簟	常温	厚度<3cm	15～30 分	水分分布均匀
足烘	同初烘	100～140℃	厚度<2cm	10～15 分	足干,茶香浓烈

(四) 卷曲形茶

采用卷曲茶工艺采制的白化茶,因卷曲使芽体大幅缩小,芽叶和茸毫受扭曲而飞扬,因此适合于嫩度中等的白化茶鲜叶加工,并且能较好地展现白化茶鲜叶色变后绿翠与金黄两色的协调,使茶叶风格独树一帜。

适制品种:芽叶细嫩秀长的黄金芽家系品种;

鲜叶原料:一芽一、二叶以上嫩度为主的白化芽叶;

代表性品质特征:外形锋苗紧结卷曲,色泽绿黄相间或金黄;香气浓郁持久,滋味鲜醇爽口,汤色显黄明亮,叶底成朵、嫩黄或玉黄。

工艺流程:杀青,摊凉,初揉,初烘,回潮,精揉,足烘。适配机械及参数见表 7-4 所示。

表 7-4　卷曲形茶基本工艺流程、机械配置及技术参数

工艺	机械	温度	投叶量	时间	程度
杀青	滚筒杀青机	250～300℃	20～150kg/小时	1.5～2.5 分	芽叶紧抱、稍勾曲
摊凉	圃簟	常温	厚度<2cm	15～30 分	色泽亮泽
初揉	揉捻机	常温	筒体 90%	15～20 分	卷曲成条
初烘	烘干机	100～110℃	厚度<1cm	15～30 分	稍有触手感
回潮	圃簟	常温	厚度 3～10cm	60～90 分	无触手感,回软
精揉	揉捻机	常温	筒体 90%	15～20 分	卷紧成条
足烘	同初烘	80～120℃	厚度<1cm	10～15 分	手捏成粉,茶香显露

(五) 蟠曲形茶(黄金韵)

以黄金韵为代表的蟠曲形茶源于宁波印雪白茶专利工艺,通过"催色"

工艺形成茶叶明快的金黄色泽。

适制品种:黄金芽家系品种、御金香;

鲜叶原料:一芽一叶至三叶嫩度的白化芽叶,其中御金香以一芽二叶初展以下嫩度为宜;

代表性品质特征:外形芽叶抱折钩曲或成螺状,色泽绿黄相间或金黄;香气浓郁持久,滋味鲜醇爽口,汤色显黄明亮,叶底成朵、嫩黄或明黄;

工艺流程:杀青,摊凉,催色,回潮,揉捻,初焙,做形,焙香。适配机械及参数见表 7-5 所示。

表 7-5　蟠曲形茶基本工艺流程、机械配置及技术参数

工艺	设备	温度	投叶量	时间	程度
杀青	滚筒杀青机	250～280℃	20～40kg/小时	2～2.5 分	芽叶紧抱,稍勾曲
摊凉	匾篓	常温	厚度<2cm	15～30 分	叶色亮泽
催色	滚筒机	180～200℃	30～45kg/时	60～75 秒	芽叶紧卷弯曲,质硬易碎,色显明黄
回潮	匾篓	常温	厚度 3～10cm	60～90 分	叶质柔软,手捻不碎
揉捻	揉捻机	常温	筒体 80%满	20～30 分	茶条卷曲,完整无碎
初焙	烘焙机	120～130℃	<1cm	5～6 分	稍质硬触手
做形	曲毫机	100～110℃	2.5kg/小时	10～15 分	八九成干
焙香	烘焙机	100～140℃	厚度<2cm	5～8 分	手捻成粉,茶香显

二、工艺属性

完美的茶叶品质是一个内外质统一体,源于加工过程中色、香、味、形变化规律的准确把握。

(一)色泽加工属性

色泽是反映茶叶内外品质的重要指标。通过茶叶色泽,可以基本判定加工技术和茶叶品质水平。

光敏型白化茶鲜叶有白化和未白化(绿色叶)之分,其色变基本规律是:白化鲜叶加工后色泽变为黄色,鲜叶越黄,干茶色泽越黄;未白化鲜叶,加工后转变成绿色。加工理想的茶叶在色泽转黄或转绿的同时,具有明快光泽。

1. 色变状况

未白化鲜叶加工的干茶似同常规绿茶,但色泽多偏浅绿、绿亮,容易产生的加工问题是叶绿、茎暗现象;白化鲜叶从轻度白化到充分白化,鲜叶色泽 变幅大,干茶色泽差异也大。轻度白化叶加工后叶色往往呈绿显黄色,良

好白化叶加工的茶叶呈明快黄色,充分白化的鲜叶加工后呈金黄满披色泽,光彩夺目,别具一格(表7-6),卷、蟠曲茶产品显得鲜活亮泽。但若加工不当,均失去光泽,出现闷黄、枯黄、灰黄、焦黄等现象,无美观可言,扁形茶尤容易产生灰枯现象。

表 7-6　光敏型白化茶鲜叶与干茶色泽相关性

序号	感官色泽	鲜叶色卡	叶绿素含量(mg/kg)	干茶色泽
1	黄泛白色	122C	69	金黄明快
2	金黄色	104C	156	金黄明快
3	金黄色	397C	124	金黄明快
4	黄色	383C	224	黄显绿明快
5	浅黄色	384C	349	绿亮显黄
6	绿色	371C	1089	绿润

2. 催色工艺

光敏型白化茶的典型干茶特色是明快黄色,这种色调形成的技术要求,一是良好的鲜叶白化程度,二是组织破损前加工过程尽量降低含水量。催色是形成明快黄色的关键工艺。

催色工艺源于宁波印雪白茶,它是在杀青后、细胞机械破碎前进行重度脱水,使白化鲜叶部分加工成明快金黄色、绿色鲜叶部分加工成明快翠绿色的工艺程序。催色技术关键是要求催色温度控制在芽叶焦爆上限、程度控制在芽叶回软的上限,这样可以把芽叶体内水分直接蒸发,茶汁无法渗透到芽叶表面,促使白化芽、叶、茎向明亮黄色(即金黄色)显著转变,而绿色芽、叶、茎则可变成艳丽翠绿,从而避免色泽暗变、褐变等现象。催色温度、时间以及投叶量因不同机械而不同,程度又因品种、鲜叶嫩度和白化程度而不同。但催色工艺只是形成干茶完美色泽的中间过程,后续工艺依然要避免叶色转暗和焦黄现象,否则当鲜叶白化程度高时,加工后茶叶可能被误认为是陈茶。

(二)外形工艺属性

由于原料、机械状况及配置的差异,加工同类茶叶会出现很大的形态差异,因此操作技术的调整和控制显得十分重要。

1. 针形茶

针形茶是名优绿茶加工中技术要求很高的工艺,成形关键工艺是理条和揉搓工艺相互交替、重复的结合。现有机械因性能不佳,导致加工的针形茶外形横断面显扁、形态似剑。采用多功能机杀青或与初次理条合并时,可以提高茶叶挺直和光洁整齐程度，但身骨轻飘，形同条形茶而失去固有工艺风格；杀青程度过老和理条前进行揉捻的茶叶会变得扭曲；通过整形工艺加以整直时，要防止因断碎而出现制率下降；足干采用滚筒提香的形态挺尖、光润，若采用烘焙，则外形趋于弯曲(图7-1)。

图 7-1　针形茶摊青叶与杀青叶特征

2. 扁形茶

扁形茶工艺是最简洁的名优绿茶加工工艺，但并不意味着其技术简单。20世纪90年代问世的扁茶机，基本上保持了扁平光滑的扁形茶典型特征，但形态完美的高档茶仍然需要手工辅炒。槽窄深、速度快的多用机或理条机加工的产品，往往茶条偏窄，用扁茶机进行杀青、理条时，往往芽、叶包紧不够，显得阔扁；采用滚筒杀青时，杀青程度应比针形茶掌握偏嫩些，同时缩短摊凉时间，尽快进入理条、压扁工序。

3. 条形茶

条形茶工艺简单，产品完整率高，但茶汤淡薄。杀青后采用轻度揉捻或轻度压条的方法，可以有效地解决杀青时叶尖、锯齿焦化现象以及茶汤浓度不足问题；低温长烘和焙香是提高香气浓郁程度的有效方法。

4. 卷曲茶

揉捻是决定卷曲茶外形的重要工艺。小型揉捻机有利于条形紧卷；操作时，应采用轻揉、长揉的方法，便条索逐步紧缩。揉捻后进行手工揉搓，是高档原料加工的必需技术。

5. 蟠曲茶

锅炒工序是形成蟠曲茶风格的关键工艺。锅炒时间长短，决定蟠紧程度。蟠曲太紧,茶叶成"珠茶"风格,失去蟠曲风格,并导致内质劣化。为处理好外形与色泽的矛盾,应用"催色工艺"控制揉捻前水分含量,在锅炒前进行表面去水和回潮,确保通过锅炒形成完美的蟠卷外形。

(三) 香味工艺属性

香气、滋味是茶叶品质与价值的核心。鲜叶来源分未白化(或轻度白化)叶与白化叶(高度);工艺分低火轻炒型(条形、卷、扁)、高火重炒型(针、蟠、扁等);香型分清香型(含花香型、嫩香型)、高香型(含果香型、甜香型);滋味分鲜醇型、醇爽或醇厚型等。这四者之间对应规律如表 7-7 所示。

表 7-7　不同加工方法与品质形成关系

鲜叶状态	低火轻炒型		高火重炒型	
	香型	味型	香型	味型
未白化、轻度白化	花香、嫩香、清香	鲜醇	果香、高香、甜香	醇鲜或醇厚
高度白化	果香、甜香、清香	鲜醇	果香、高香、甜香	醇鲜或醇厚

1. 花香型、嫩香型、清香型茶

对应的茶叶滋味一般呈鲜醇、回甘,汤色嫩黄。鲜叶来源于未白化或轻度白化叶;鲜叶采摘掌握轻阴、微风天气,摊放掌握从轻原则,工艺原则是掌握加工温度从低、加工时段从短、揉炒程度从轻,采用条形茶、卷曲茶或扁形茶等加工方法。

2. 果香型、高香型、甜香型茶

对应的茶叶滋味一般呈醇鲜、醇厚,回味甘鲜,汤色玉黄。鲜叶来源于良好或充分白化叶,鲜叶摊放则掌握从重原则;工艺可采用蟠形茶、针曲茶或扁形茶等加工方法,一般掌握加工温度从高、加工时段从长、揉炒程度从重等原则,中间过程相对拉长、工艺复杂化有利于滋味的醇厚;在加工最后阶段,采用合适温度长时间焙烘或焙炒,则明显有利于甜香、甜味特色的形成。

三、工艺技术

(一) 杀青、催色

1. 滚筒杀青

滚筒杀青机进叶口温度一般为 250～300℃,时间 100～120 秒,筒体倾斜度、投叶量是调节杀青时间、程度的主要手段;杀青叶含水量以 50% 以下、表面干燥、芽叶微抱稍弯曲、锯齿微爆、折茎不断、芳香透露为适度。

扁、针、条形茶,尤其是要求清香型品质的,杀青程度适度偏轻,一般掌握表面稍燥、芽叶抱紧不弯曲、锯齿微爆、折茎不断、芳香透露为度;而卷、蟠曲茶或浓厚香味型茶,适度加重杀青,以芽叶抱紧弯曲、干燥、质硬欲碎为度。

2. 槽式杀青

名茶多功能机槽体温度180~200℃,投叶量为每槽0.1~0.2kg,时间5~6分钟。杀青程度要求芽叶紧抱、叶面干燥、叶边微硬、折梗不断、叶色亮绿或金黄、茶香明显透露为适度。扁形茶采用槽式杀青结束时,往往是完成了青锅过程,而针形茶和条形茶则是初步完成了理条。所不同的是,在杀青中途茶叶表面干燥时,扁形茶重棒加压45~60秒,针形茶轻棒加压30~45秒,而条形茶可以不压(图7-2)。

图7-2　滚筒杀青和槽式杀青叶比较

3. 催色

催色主要是降低茎、芽等粗壮部分的水分,达到转黄、转绿并保持明快光泽的目的,适用于卷、蟠曲茶。一般采用滚筒杀青机,进叶口温度为180~200℃,时间60~75秒,投叶量为杀青的4~5倍,程度为色绿或显明黄,芽叶紧卷弯曲,质硬易碎,茶香显露为适度。

（二）摊凉、回潮

摊凉主要是散失热量,要求是在最短时间内使芽叶温度冷却;回潮是均衡芽叶体内水分,通过芽叶体内水分循环、转移,达到芽叶变软目的。

杀青叶出叶后应快速摊开、薄摊,最好配置风扇散热,以保证色泽明亮、无热闷气;后续工艺出叶后也应快速摊开、薄摊。摊凉厚度小于 3cm,时间不超过半小时,杀青叶要求稍软即可。回潮初期处理与摊凉相同,茶叶冷却后,摊叶厚度为 3～10cm,时间 1～1.5 小时,杀青叶或催色叶摊至叶质完全软化,手捏茶叶不碎为度,理条后回潮程度掌握在茶叶内外干湿均匀为度。当气候干燥或茶叶水分过少时,可采用盖竹匾、翻去茶叶并拢堆等办法促进回软。但若回潮时间过长,容易导致叶色变黄、内质下降。

(三)揉捻

揉捻是卷曲茶、蟠曲茶必备的基础工艺或决定工艺,也可作为针形茶、条形茶的前期辅助工艺。投叶量以揉桶容积的五分之四为宜。揉捻基本原则是:高档轻压短时,低档重压长时;卷蟠茶重压长时,针条形轻压短时;初揉叶轻重交替、压力适度,精揉叶轻压长揉。初揉叶和一次性揉捻的时间为15～20 分钟,要求茶汁不外渗、不碎叶为宜,揉后及时解块抖散;精揉是卷曲茶的成形工艺,时间一般为 15 分钟,芽叶紧卷成条、形态完美时出叶,精揉要注意芽叶断碎情况(图 7-3)。

图 7-3　卷曲茶不同工艺阶段的茶叶外形

(四)理条、整形、辉锅、做形

1. 理条

理条为条形茶必备工艺和扁形茶、针形茶的重要工艺,采用多用机或理条机。槽式杀青的杀青叶理条锅温 120℃,投叶量为 1 倍杀青叶,条形茶不加压或轻压,至茶条手捏能碎为度;针形茶加轻棒不超过 30 秒,而后以理条至条索挺直、紧结时出叶。滚筒杀青机的杀青叶理条锅温 120～150℃,投叶量为 2 倍杀青叶,理至七八成干为度,加棒方法同上。

2. 整形

整形为针形茶的必备工艺。锅温 80～120℃时,投叶量 3～4kg,时间约 20～25 分钟,含水量 8%～10%。

3. 辉锅

辉锅是扁形茶成形工艺。锅温 100～120℃,时间 5～6 分钟,投叶量为 2～3 锅青锅叶(理条叶),整个过程温度保持基本平稳。辉锅关键是茶叶下锅受热、出现回软时,多用机应及时压棒,时间为 60～90 秒,扁茶机要调节炒板至磨炒位置,茶叶干燥度大约为九成干。

手工辅炒。锅温 80～90℃,有灼手感时,投叶 0.4～0.5kg,时间约 5 分钟,采用抓、摩、挺等手法,促使茶叶形成扁平光滑尖削的外观。

4. 做形

做形是蟠曲茶必备工艺。锅温 110～90℃,投叶量为 2.5kg,时间为 10～15 分钟,炒至茶条基本蟠曲成形时起锅(图 7-4)。

图 7-4　蟠曲茶不同工艺阶段的茶叶外形

（五）烘焙、提香

1. 初烘

初烘是卷曲茶、蟠曲茶关键工艺。采用烘焙机或连续烘干机。进风口温度 110～120℃；上叶厚度不超过 1cm，时间约 10～15 分钟，烘至七成干出叶。

2. 足烘、焙香

卷曲、蟠曲茶用烘焙机足烘、提香。进口处温度 120～140℃，厚度小于 2cm，摊平后时间 6～10 分钟，含水量 5％时出茶，或烘至九成干下机摊凉后用 130～150℃、5 分钟提香；针形茶用滚筒杀青机提香，温度 200～250℃，时间 40～50 秒，每分钟 1kg 左右，这样能有效提高茶香程度。

第二节　红茶工艺

光敏型白化茶加工的工夫红茶，黄色白化特征完全被发酵红变所掩盖，其品质特征是，干茶外形细紧、匀齐、乌润；汤色红亮；香气鲜甜或带花香、纯正持久；滋味甘醇或甜醇鲜爽，回甘；叶底柔软明亮、红匀。与常规品种加工的红茶相比，汤色红色程度稍浅，香气较为甜郁，滋味甜而清鲜。

一、工艺流程

鲜叶原料多采用一芽一、二叶嫩度的白化芽叶；基本工艺流程为：萎凋，揉捻，解块，发酵，初烘、复烘、足烘。其适配机械及参数如表 7-8 所列。

表 7-8　光敏型白化茶条形红茶工艺、机械配置及技术参数

工艺	机械	温/湿度	投叶量	时间	程度
萎凋	匾簟	常温 25～30℃	厚度<3cm	8～16 小时	失重 50％～60％，叶质柔软，叶色失泽，清香或花香
揉捻	揉捻机	常温	筒体80％满	1～1.5 小时	成条率 90％以上，茶条卷曲
解块	解块机或手工	常温		1～2 分钟	茶条完全松散

145

工艺	机械	温/湿度	投叶量	时间	程度
发酵	发酵室	33～38℃；湿度>90%	厚度15～20cm	3～4小时	叶色亮红，花果香显露
初烘	烘干机	120～130℃	厚度<2cm	15～20分钟	含水量20%～25%
复烘	烘干机	60～70℃	厚度<3cm	60～90分钟	含水量6%～8%，手捏粉碎，香显
足烘	烘干机	100～120℃	厚度<3cm	10～15分钟	含水量4%～6%，手捏成粉，香气浓烈

二、加工属性

(一) 发酵能力

本书所列光敏型白化品种均具有良好的红茶适制性，发酵能力明显超过低温敏感型白化茶。

根据氯仿法发酵能力测定及评级试验方法，7个品种春茶发酵能力强弱依次是，一级：醉金红，二级：黄金芽、御金香、福鼎白毫，三级：金玉缘、白叶1号，四级：黄金甲；6个品种秋茶发酵能力强弱依次是，一级：醉金红，二级：御金香、黄金甲，三级：黄金芽、福鼎白毫，四级：白叶1号（图7-5）。春、秋茶综合评价，醉金红的发酵能力最强，其次是御金香和黄金芽，而黄金甲的春、秋茶差异较大。加工试验证实，氯仿测定发酵能力强的品种滋味比较浓强，发酵能力弱的品种滋味甜鲜突出。当前市场需求的多元化，为不同品质特点的茶叶打开了市场空间。

图7-5 氯仿测定不同品种发酵能力

(二) 酶促反应条件

红茶加工的萎凋、揉捻、发酵等工艺是生物酶发挥作用并形成红茶品质特征的过程,酶促反应的强烈程度直接影响到加工效率与品质。而影响酶促反应的最主要条件是温度和细胞破碎程度。

萎凋是红茶品质形成的初始工艺。随着萎凋的进展,酶促反应逐渐显示作用,适度快速萎凋有利于茶叶品质的优化。温度、湿度状况对萎凋速率产生较大影响,其中温度与萎凋速率呈正相关,湿度与萎凋速率呈负相关。在春茶前期或晚秋,气温低于 20℃时,自然条件下的萎凋不利于加工进程;阴雨天气和空气湿度大的环境,往往更达不到理想的萎凋效果。因此,采用人工调控温湿度的办法是红茶加工必要选择。在温度 25～30℃、湿度 60%～70%时,经过 8～16 小时,可达到理想的萎凋程度。实践表明,在晴朗天气下,采用傍晚或多云天较淡的阳光照射半小时左右,既能加快萎凋进程,又可以改进茶叶品质。

揉捻过程既是成形、细胞破碎过程,也是发酵过程。揉捻时,细胞得到破碎,发酵随之开始。气温较高时,揉捻工序结束,发酵也完成了一部分(图 7-6)。但由于揉捻是在常温条件下进行,温度往往不能满足发酵的需要,时间越长,越容易导致红茶品质的劣化。因此,在保证良好成形条件下,揉捻越快越好。

图 7-6 揉捻叶(左)与发酵叶(右)

发酵是红茶加工最关键工艺,快速发酵能促进茶叶汤色红亮,滋味纯正。发酵不足,就会产生"青张"、"透白"和青气显露;发酵缓慢或过度,茶汤色泽红暗浑浊,香气沉闷、滋味变酸。气温低于 30℃时,发酵进程缓慢,容易产生发酵不足现象。因此,采用人工加温增湿是发酵工艺的必要措施。一般控制在温度 33～38℃、湿度大于 90%,经过 3～4 小时,就能获得理想的发酵效果。

(三) 外形加工属性

红茶的外形风格决定于揉捻和干燥环节的加工方法。

揉捻是成形的基础,茶叶经过揉捻形成卷曲状茶条。揉捻的前期条件是茶叶必须有一定的韧度,而茶叶韧度来源于萎凋工艺中水散失后茶叶组织的收缩。当萎凋程度不足、水分散失不够时,茶叶组织依然处于膨胀、脆性状态,揉捻时容易导致芽叶成片状断碎或粉碎。萎凋叶的合理程度是,水分含量 40%～50%,即鲜叶失重率 50%～60%,手揉茶叶无断碎、无渗汁为适度;而揉捻叶的合理程度是,手摸茶叶汁液黏重、但无渗汁现象。为便于生产者掌握,现将茶叶水分含量、失重率换算如下(表 7-9):

水分重量＝干物重量×水分含量/(1－水分含量);
失重率(%)＝(鲜叶重量－水分重量－干物重量)÷鲜叶重量×100%。

表 7-9　茶叶水分含量与失重率理论值对应表

茶叶状态	水分含量(%)	水分重量(g)	干物重量(g)	实际重量(g)	失重率(%)
鲜叶	75	75	25	100	0
摊放叶	60	37.5	25	62.5	37.5
轻度萎凋	50	25	25	50	50
重度萎凋	40	16.7	25	41.7	58.3
七成干	30	10.7	25	35.7	64.3
八成干	20	6.3	25	31.3	68.7
九成干	10	2.8	25	27.8	72.2
足干	5	1.3	25	26.3	73.7

发酵叶在解块时茶条弯曲度有所拉直,在烘干阶段则因自然收缩变成卷曲状;初烘后若再度揉捻可有效地增进茶叶紧结程度,采用滚炒初干或手工团搓的茶叶条索显得紧实、卷曲或蟠曲(图 7-7),而采用多用机进行理条的茶叶外形显得条索扭曲而紧直。

(四) 色泽加工属性

茶叶色泽包括干茶色泽、汤色、叶底色泽。经过发酵工艺,光敏型白化茶的黄色特征完全丧失,同等嫩度的红茶干茶色泽总体上与常规品种没有根本性区别,但汤色偏向红亮,叶底色泽红橙,偶现黄色(图 7-8),品种间依然存在一定的差异。

图 7-7　红茶初干工艺，左起：手工团揉、直接烘干、滚筒初干

图 7-8　黄金芽为鲜叶原料的绿茶、红茶叶底特征

（五）香味加工属性

在加工过程中，香气是检验每一工艺合适程度的重要经验指标。萎凋时，鉴别的香型是青气、清香或花香或轻度酵味，青气属于萎凋不足；发酵时，鉴别的香型是青涩气、甜香或花香或轻度酸熟味，青涩气属于发酵不足，酸熟味属于发酵过度；而成品茶一般具有浓烈的甜香，上乘品质的茶叶则往往呈花、果香型。品种间比较，黄金芽家系种容易出现花、果混合香型，而御金香多呈浓烈甜香。

三、工艺技术

(一)萎凋

萎凋工艺的关键是适时、适度、均匀。一般选择晴朗天气采制红茶较为适宜,萎凋前在轻淡阳光下晒半小时左右,而后进入萎凋工序。当气温低于20℃时,若无温度调控设施,不提倡采制红茶。萎凋的技术参数是:温度25~30℃,湿度60%~70%,高档茶摊放厚度1cm,低档茶控制在3cm以内,时间掌握在8~16小时为宜,失重50%~60%。

萎凋程度要从叶质、叶色、香气状况来进行评判(图7-9)。合理的萎凋叶质柔软,手捏成团,松手即散,使劲揉搓后无碎片状断碎现象,叶色黄而无光,偶有叶尖、边缘泛红,略呈花香或清香。

图 7-9 萎凋叶状况

(二)揉捻

揉捻是红茶良好外形和内质形成的重要步骤。关键要求芽锋完整、细胞破碎率高、芽叶紧卷成形。技术要求是,投叶量控制在筒体容量的80%左右,揉捻时间约为1~1.5小时。一般大型揉捻机比小型揉捻机更具效率和效果。

不同茶叶嫩度的揉捻方法是,嫩叶短揉轻压,老叶长揉重压;揉捻过程中遵循"轻—重—轻"原则。揉捻程度合理的茶叶外形完整、卷曲、成条均匀,不断不碎,芽叶完整率 90% 以上;色泽由黄转红,茶汁手感黏重而无外溢现象,有较重的发酵性青气。

(三) 解块

采用手工或机械解块,要求把成团、结块的揉捻叶全部抖散。使用解块机时,通常要重复一次解块,方可达到完全解散茶叶的目的。

(四) 发酵

发酵是红茶"色、香、味"优良品质形成的决定性工艺。关键要求温湿度控制合适,尽可能保持温度均衡、湿度充足,确保发酵均匀、快速、适度。发酵温度为 33～38℃,相对湿度在 90% 以上,茶叶堆放厚度 15～20cm,发酵时间约为 3～4 小时。发酵程度合理的指标是,色泽亮红,酵气、青气消失,花香、甜香或者果香显露。

(五) 初烘

初烘要求高温、快速,尽快中止芽叶体内生物酶活性继续作用,即中止发酵,并降低水分,促进品质优化。初烘温度一般掌握在 120～130℃,时间 15～20 分钟,烘至含水量 20%～25% 时下机。若后续工艺采用复揉、手工团搓、理条等工艺做形时,则含水量控制在六七成干,即手摸茶叶稍感刺手、茶条外表干燥稍硬、回软容易为度。复揉完成后或手工团搓、理条至外形风格形成后进入复烘。

(六) 复烘

与初烘相对,足烘要求低温、长烘,使茶叶在缓慢干燥的同时,促使香气、滋味的甜醇化。足烘温度一般为 60～70℃,时间 60～90 分钟,烘至含水量 6%～8%、手捏茶叶粉碎、香气显露时下机。经复揉的茶叶复烘时间会有所增加,而经手工团搓、理条的茶叶复烘时间相对缩短。

(七) 足烘

主要目的是提香。足烘温度一般为 100～120℃,时间 10～15 分钟,烘至含水量为 4%～6%、手捏茶叶成粉、香气浓烈时下机。

第三节　青茶工艺

光敏型白化茶的青茶适制品种为御金香,鲜叶原料采自春茶和秋茶白化芽叶。采用清香型铁观音茶工艺加工的茶叶品质特征是,肥壮蟠曲圆结重实,色泽砂绿显黄,汤色金黄似琥珀色,香韵幽雅馥郁,"音韵"悠长,滋味醇柔甘鲜,回甘,极耐冲泡;叶底柔软黄泽明亮。

一、工艺流程

鲜叶原料为春梢、秋梢为驻芽期的一芽三、四叶嫩度及同等嫩度的对夹叶或顶梢,即乌龙茶产区所称的开面茶。

基本工艺流程:萎凋(凉青、晒青、凉青),做青(摇青、凉青,重复三次以上),杀青,摔包(揉捻),包揉做形(烘干、包揉、筛末,重复七八次),烘焙,提香。其适配机械及参数如表7-10所列。

表 7-10　铁观音茶工艺、机械配置及技术参数

工艺	机械	温/湿度	投叶量	时间	程度
凉青	匾篓	常温	厚度<3cm	1～4 小时	叶质轻微转软
晒青	匾篓	轻淡日光	厚度<1cm	15～30 分	失重 6%～15%,叶色转暗,芽叶二叶下垂为度
凉青	匾篓	常温	厚度<3cm	20～30 分	叶质转软
摇青	摇青机	常温	筒体80%满	2～5 分,5～8 分,10～20 分	重复三次以上,达到叶色转暗,叶片背凹,芽尖、叶缘红变,叶脉半透明状
凉青	匾篓	22～27℃,湿度<70%	厚度<1cm	2 小时,3 小时,10～12 小时	
杀青	瓶式机	270～280℃	2～2.5kg/次	4～4.5 分	稍有焦边,手捏易碎,叶色变浅
摔包揉捻	摔包机 揉捻机	常温	<1kg 筒体80%满	10～15 分	卷曲成条,无茶汁渗出
烘干 包揉 筛末	烘干机 包揉 烘干机	100～90℃ 常温 常温	厚度<2cm 按机型定量	5～6 分	重复七八次,颗粒紧结,七八成干左右
烘焙	烘干机	60～70℃	厚度<2cm	3～4 小时	含水量 4%～6%,手捏成粉,香气浓郁
提香	提香机	110～120℃	厚度<2cm	5～10 分	香气浓郁

二、加工属性

(一) 鲜叶加工属性

御金香茶鲜叶因茶园状况和采摘季节不同,质量状况差异较大。总体上春梢芽叶质地稍薄而嫩,秋梢质厚而老。立体栽培的春茶一般萌展五六叶后才能形成驻芽,一芽三四叶时往往仍处于旺盛萌展期,这时采制铁观音茶显得过嫩。因此,春茶采制铁观音茶时,一般在四叶期后先进行打顶采制绿茶,再进行铁观音原料采摘,类似于采摘中开面鲜叶;秋茶则提倡晚秋梢打顶采,根据气候和新梢生育情况开采小、中、大开面鲜叶。平面采摘模式的成龄茶园因分枝密度大,营养有所分散,鲜叶采摘一般掌握在三四叶的中开面标准。

(二) 萎凋、做青加工属性

萎凋、做青是决定铁观音茶品质的关键工艺。凉青、晒青要根据鲜叶状况进行调整。一般地,先采鲜叶在相对阴凉环境中厚摊、慢凉,后采鲜叶在相对通风干燥环境中薄摊、快凉;晒青时,先采茶叶短时少晒,后采茶叶长时多晒。这样才能确保先后采摘的鲜叶萎凋程度均匀一致。春、秋茶鲜叶原料比较,前者成熟度稍低、叶质柔软,后者质地厚重,叶面蜡质明显。因此,秋茶适度增加晒青程度有利于后续工艺的进行。

做青亦因季节不同。总体上,春茶做青程度掌握偏轻,而秋茶尤其是大开面茶原料,做青程度要大幅加重。春茶芽叶在摇青结束时,基本看不到叶缘红变现象,然后在合适温、湿度条件下让芽叶充分"走水",直至达到最佳做青程度;秋茶经过摇青后,应明显看到叶缘红变,并且随着嫩度趋老,大开面的红变程度大于小开面,这样才能显示铁观音的固有风味。秋茶的摇青时间一般比铁观音品种茶要延长 50%。

(三) 外形加工属性

包揉做形要在合适烘干温度、程度基础上做到快烘快揉,尽量减少包揉次数;为防止前期水分高产生水闷现象,包揉后应及时解块、筛末;随着干燥程度的上升,包揉后堆放时间逐渐加长,直到颗粒状完全形成、继续包揉会出现大量碎末时中止包揉工艺。传统铁观音茶的包揉做形工艺复杂、费工费力,采用挤压式包揉后,若使用不当,容易形成扁长形茶条,失去铁观音茶的传统外形,因此在使用这种机械加工时,改三向挤压为多向挤压,可很好地解决这个问题。

（四）香味属性

御金香铁观音茶的典型香型形成主要依赖于萎凋及做青阶段,杀青及后续工艺则决定着茶叶的甜、醇程度。当鲜叶嫩度偏嫩时,萎凋阶段和前两次摇青要掌握偏轻原则,摇青结束凉青温度控制在低限范围,通过低温、延时,保证摇青叶"走水"适度;当鲜叶嫩度偏老时,萎凋和摇青要掌握偏重原则,摇青结束后温度控制在高限范围,通过高温、减时,保证摇青叶"走水"适度;低温长烘和复焙是形成和完善御金香香气悠长、滋味醇厚的重要工艺。

三、加工工艺

（一）萎凋

鲜叶采摘后首先要进行凉青,把茶叶放置在匾篝上,进行散热和散发部分水分。上、下午茶叶一直加工时,应防止上午鲜叶失水过度,原则上以鲜叶轻微萎软为适度;晒青是把鲜叶薄摊于匾篝上,利用阳光热能减少鲜叶部分水分,并起到生化成分的转化作用,利于做青(图7-10)。晒青关键是要防止晒得过度,当芽叶全部出现萎软状态时,容易导致"走水"阶段的芽叶过度红变,甚至无法顺利完成加工,或严重影响成茶品质。晒青后鲜叶一般凉至茶叶散去热量后,即进入做青。

图 7-10　晒青

（二）做青

做青是铁观音茶色、香、味内质形成的关键阶段，做青技术要求高，灵活性强。依靠摇青机操作的摇（凉）青过程十分简单，而关键是掌握御金香茶的芽叶性状，以芽叶失水程度、色泽指标为经验，准确把握凉青、摇青程度（表 7-11）。

表 7-11　不同鲜叶状况（秋茶）的做青方法

鲜叶		温湿条件	摇青/凉青			程度
嫩度	质地		第一次	第二次	第三次	
小开面	柔软，无蜡质感	22～24℃ 60%	2分/二小时	5分/3小时	10分/10小时	走水充分，叶缘红变
中开面	中等，蜡质显露	24～25℃ 60%	3分/二小时	6分/3小时	15分/10小时	走水充分，叶缘红变
大开面	质厚，蜡质明显	25～27℃ 60%	5分/二小时	8分/3小时	20分/12小时	走水充分，叶缘稍红

（三）杀青

采用专用瓶式杀青机，一般筒温 270～280℃，每次投叶 2～2.5kg，时间 4～4.5 分钟，至叶稍有焦边、手捏易碎、叶色变浅。

（四）摔包、揉捻

摔包、揉捻工艺在实际生产中一般二者选其一。嫩度适中的茶叶只摔包、不揉捻；芽叶嫩度较低时，为利于做形，采取揉捻方法，促进茶叶成条。摔包采用专门的摔包袋，杀青叶下机后趁热装茶入袋，用摔包机或人力摔七八下即可。揉捻与常规绿茶方法相似，时间和程度较轻。

（五）包揉

杀青叶经摔包或揉捻后通过焙笼或烘干机适当高温烘焙，茶叶回软后，趁热进行包揉；包揉，采用包揉机时，先把茶叶盛放于布袋，在打包机中把包打紧，然后放到揉包机中揉压；采用挤压式包揉机时，直接放进挤压槽中揉压。包揉过程一般需要重复七八次方能达到目的。前期应高温快烘快包，包后迅速解块筛末；随着次数的增加，包揉后堆放时间逐渐回升，以利固定茶形。

（六）烘焙

烘焙要求采取低温慢烘的方法，促进茶叶香气、滋味的优化。在 60～70℃ 条件下，经过 3～4 小时的烘干，含水量达到 4%～6% 时下机出叶。

(七) 提香

烘焙 48 小时后进行复烘焙香。在 110～120℃ 条件下烘焙 5～10 分钟，促使茶叶香气更加浓郁。

第四节　黄茶工艺

传统工艺的黄茶是以绿色芽叶品种的茶树幼嫩鲜叶为原料，在绿茶工艺基础上，中途采取湿热闷堆工艺促使芽叶黄变，形成黄汤黄叶的品质风格。著名代表性茶有蒙顶黄芽、君山银针、霍山黄芽、莫干黄芽、温州黄汤等。但由于闷黄后香气鲜灵度和滋味鲜爽度的消失，近年来备受市场冷落，个别茶类近年来名存实亡，几近消失。

光敏型黄色白化茶的出现对黄茶品质风格完善和产业发展来说，具有极为重要的意义。首先，黄色茶树品种的芽叶金黄色泽更能体现黄茶的品质风格；其次，黄色茶树品种的内质特点可以大幅度改善传统黄茶的品质风格。作为近十年来唯一未被市场开发的茶类，随着黄色茶树品种的应用有望注入新的活力。

所有光敏型白化茶品种均适制黄茶生产，不同外形风格茶叶的品种适制性可参照绿茶类的品种选择。所制产品的共同品质特征是，色泽金黄亮泽，汤色橙黄，叶底明黄，香气甜郁，滋味醇甘、鲜爽味突出。

一、工艺流程

鲜叶原料标准与绿茶一致；基本工艺流程：杀青、(揉捻)、闷堆、做形、初烘、摊凉、足烘。适配机械及参数如表 7-12 所列。

表 7-12　黄茶工艺、机械配置及技术参数

工艺	设备	温度	投叶量	时间	程度
杀青	滚筒杀青机	250～260℃	20～150kg/小时	2～2.5 分	折茎不断，芽叶紧抱，表面略干，香露
揉捻	揉捻机	常温	筒体的 80%	15～20 分	卷曲成条，茶汁微溢
闷堆	匾簟，布包	30～50℃	适量	2～3 小时	色显明黄，香气转醇
做形	根据外形风格参照绿茶工艺进行				六七成干，成型为度
初烘	烘培机	60～70℃	厚度＜3cm	30～45 分	九成干
摊凉	匾簟	常温	厚度＜3cm	15～30 分	水分分布均匀
足烘	同初烘	90～100℃	厚度＜2cm	10～15 分	足干，茶香浓烈

二、加工属性

（一）色变属性

闷黄是黄茶制茶工艺中形成黄色黄汤品质特点的关键工序。原则上从杀青开始至干燥结束，都应为茶叶黄变创造适当的湿热工艺条件。但黄茶色变主要决定于杀青后续工艺。采用揉捻的茶叶要求在杀青叶出锅后采取热揉方法，在揉捻成条的同时，依靠湿热条件促进黄变；没有揉捻工艺的茶叶在杀青后尽量保持杀青叶的余热，迅速进行闷堆或闷包。

由于光敏型白化茶鲜叶本身就有黄色特征，因此闷黄工艺主要促进符合传统黄茶内质风格的形成。

闷黄的叶温来源于外在温度，除了杀青叶趁热揉捻和闷堆外，影响闷黄的因素主要有茶叶含水量和闷堆温度，也可用烘、炒来提高叶温，或通过翻堆散热来降低叶温。含水量越大，闷堆叶温越高，黄变进程就越快。闷黄时，要合理控制茶叶含水率变化，防止水分大量散失，而湿坯堆闷时要注意环境相对湿度和通风状况，必要时应盖上湿布以提高局部湿度和阻止空气流通。

（二）香味加工属性

经过闷黄工艺的茶叶与绿茶工艺比较，绿茶固有的清香、嫩香等香型被黄茶的醇甜、熟糖等香型所替代，绿茶香气的鲜灵度随之消失；若闷黄过度，则会产生闷熟气，品质随之下降；滋味的鲜爽程度也大部分被醇甜所替代，绿茶味觉的锐度下降。光敏型白化茶由于氨基酸含量相对较高，茶多酚含量相对较低，加工成黄茶后滋味鲜爽度比常规品种明显突出，总体上呈醇、柔、回甘鲜甜的特征。

三、加工工艺

鲜叶摊放与常规绿茶一样；杀青基本要求与绿茶一致，要杀透、杀匀，在此基础上，与同等嫩度绿茶相比较，杀青投叶量偏多，杀青程度稍低于绿茶；结合滚炒轻揉做形时，出锅时含水率也稍低一些。

杀青后鲜叶一般不进行摊凉，采用连续式滚筒机杀青时，出叶后即行堆放；到达足够数量时，立即进行揉捻或闷堆。闷堆方式主要有两种：一是直接在匾簟中摊放茶叶后加盖，厚度一般在 20cm 以上；另一种是用布袋包拢茶叶。闷堆温度一般保持在 30～50℃，通过加温方法来实现；经 2～3 小时后，茶叶香气呈明显的醇甜香时松堆，进入下一工序。

闷黄是黄茶的基础工艺，在加工不同风格的黄茶产品时，可在闷黄后，采取理条、蟠曲等绿茶工艺制造出不同外形的茶叶。为了进一步在成形后醇化茶叶内质,做形时一般适当控制较高含水量,外形形成即中止工序。

初烘是进一步促进黄茶风格的补充工艺,闷黄程度不足的茶叶在初烘时可以通过降低温度、延长时间和继续闷包来进行调整。

第八章　品质评审

　　茶叶质量评价指标包括感官品质、生化品质和质量安全等三个方面,质量安全指标反映的是市场准入要求,感官品质和生化品质反映的是茶叶质量水平。当前,基于常规茶树品种加工的茶叶品质评价已有了完善的标准化技术体系,但是白化茶的出现,给现行茶叶质量评价方法提出了一个新课题。由光敏型白化茶加工的各种茶类,难以按照现有标准全面准确地加以评价它们的感官品质;就生化品质而言,常规品种生化品质侧重于茶多酚和酚氨比,而白化茶生化品质更侧重于氨基酸。

第一节　感官品质

　　光敏型白化茶加工的绿茶、青茶、黄茶等茶类的感官品质与常规品种的同类存在较大区别,最突出的是鲜叶黄化引起的干茶色泽、汤色、叶底等"黄色"现象。这种"黄色"不同于常规绿茶因鲜叶粗老或加工过度产生的枯黄,而是在于黄化鲜叶所固有的品种特色。一定程度内,同季茶叶的鲜叶越黄,内质也趋于优化,与常规品种的感官品质差异也趋于明显。

一、特殊品质术语

　　光敏型白化茶作为一种全新的茶树资源,其采制的茶叶在现行法定品质评价体系中有着许多尚未涉及的感官品质特征。GB14487《茶叶感官审评术语》是当前我国执行的茶叶感官品质审评术语的系统标准,其中"4.2.2"为低温敏感型白化茶设立了一条术语:"嫩黄,金黄中泛出嫩白色,为高档白叶类如安吉白茶等干茶、叶底特有色泽,也适用于黄茶干茶、汤色及叶底色泽"。除此之外,尚无设立能体现黄色、白色、复色等白化茶特色的专用术语。现就黄色白化茶一些特殊的感官品质提出如下术语。

　　1. 金色

　　金色或金黄色,干茶色泽,呈明亮悦目的黄色色块,由黄化鲜叶经加工后色变而成。

2. 玉白

叶底色泽，或称乳白，源于幼嫩白化芽叶，是白化茶叶底中似半透明状质感、明亮悦目的乳白色块。个别黄泛白色或白色鲜叶品种加工的叶底色泽。

3. 玉黄

叶底色泽，白化茶叶底中呈半透明状质感、明亮悦目、黄色程度比嫩黄更深的色泽，来源是黄色、金黄色或黄泛白色的鲜叶。

4. 砂绿显黄

源于黄绿色鲜叶的铁观音茶干茶色泽，砂绿基础上显示黄色特征。

5. 显黄

汤色色泽，因黄化鲜叶加工的茶叶汤色。

6. 抱折

指蟠曲茶干茶芽叶紧抱、叶片部分折叠而非紧卷的特有形态（图 8-1 左）。

7. 钩月

指蟠曲茶干茶芽叶紧抱、折叠、卷曲成钩状的特有形态，多出现在一芽一叶以上嫩度的茶叶（图 8-1 中）。

8. 螺状

指蟠曲茶干茶芽叶紧抱、折叠、卷曲成螺形状的特有形态，多出现在一芽二叶以下嫩度的茶叶（图 8-1 右）。

图 8-1　蟠曲茶的抱折、钩月、螺状等特征

160

9. 24K

黄金芽茶的最高品级。原料为充分白化的一芽一叶嫩度鲜叶,干茶呈金色,香气、滋味等达到最高水平的茶叶。

10. 18K

黄金芽茶的中级产品。原料为白化的一芽一、二叶嫩度鲜叶,干茶呈金色,香气、滋味、氨基酸含量达到较高水平的茶叶。

二、审评与泡饮

(一)审评技术

感官审评是审评人员通过视觉、嗅觉、味觉、触觉等,对茶叶外形、汤色、香气、滋味、叶底等品质因子进行优劣鉴评的技术方法,依据为 GB/T23766-2009《茶叶感官审评方法》。

1. 审评场地、器具、用水

审评室要求坐南面北,环境宽阔整洁,无异味、噪声干扰,光照强度1000lx,光线稳定、柔和;审评台分干评台、湿评台,干评台黑色亚光,高度80~90cm、宽度不小于60~75cm,湿评台白色亚光,高度75~80cm、宽度不小于45~50cm,长度视参评规模而定,靠北放置;审评杯碗均采用纯白瓷质:初制茶(毛茶)评茶杯容量 250ml、碗容量 300ml,精制茶(成品茶)评茶杯容量 150ml、碗容量 250ml,乌龙茶(成品茶)评茶杯容量 110ml、碗容量150ml;白色木质评茶盘长、宽各23cm、边高3cm,一角缺口;汤匙、白色叶底盘、感量 0.1g 天平、电水壶、计时器、不锈金属网匙、废茶桶等;审评用水依据 GD5479 规定,一般采用当天现取的山涧清泉或市售新鲜纯净水。

2. 审评程序

备具、煮水、开样、把盘、评外形、开汤、嗅热香、看汤色、嗅温香、尝滋味、嗅冷香、评叶底。审评时,取茶样约200~300g,置于评茶盘中,将评茶盘匀转数次后检视茶叶外形;称取 3~5g 已匀茶样,置于评茶杯中;注满初沸水,加盖分别浸泡四五分钟后,将茶汤沥入评茶碗中,依次审评其汤色、香气和滋味,最后将杯中茶渣移入叶底盘中,加入清水,检视其叶底。各因子分别以百分制打分后,按因子权重的百分制计分(表 8-1)。

3. 影响因素

影响品质审评的主要因素在于:一是冲泡温度和时间。如表 8-1 所示目前采用的开水冲泡时间,一定程度上不适宜白化茶,因高温浸泡时间过长,容易造成滋味变苦,黄化程度越高的茶叶变苦现象尤为明显;二是目前采用的涉及干茶、汤色、叶底色泽的审评术语不能完全准确反映白化茶品质属性。绿茶工艺的光敏型白化茶特点是黄色,色系与常规绿茶不同,一定程度内,黄化程度越高,茶叶香气和滋味往往越好,这就造成汤色与香气、滋味评价的严重偏离。

表 8-1 各类茶叶感官评定品质因子权重标准

	样重(g)	泡时(%)	外形(%)	汤色(%)	香气(%)	滋味(%)	叶底(%)
名优绿茶	3	4	25	10	25	30	10
普级绿茶	3	5	20	10	30	30	10
工夫红茶	3	5	25	10	25	30	10
黄茶	3	5	25	10	25	30	10
铁观音茶	3	5	20	5	30	35	10

(二)泡饮技艺

日常品饮的泡茶方法的基本方法如表 8-2 所示,对于黄金芽家系品种的绿茶、红茶来说,水温分别不宜超过 90℃和 85℃,不宜加盖,时间要掌握适度,冷却至余热时风味更显。

表 8-2 各类茶叶感官泡饮技艺

	用茶量(g)	茶水比	水温(℃)	第一泡(秒)	第二泡(秒)	第三泡(秒)	四泡后(秒)
绿茶	3～5	1:20～25	85～90	45～50	30～35	40～45	50～55
红茶	3～5	1:20～25	80～85	40～45	30～35	40～45	50～55
黄茶	3～5	1:20～25	85～90	45～50	30～35	40～45	50～55
铁观音茶	5～8	1:15～20	>95	10～15	30～35	40～45	50～55

注:铁观音茶第一泡为洗茶;各茶四泡后每泡递增 15 秒左右

与标准审评方法相比较,乌龙茶的盖碗审评法,比较接近于日常品饮的冲泡技艺,其他各类感官品质审评方法则与日常品饮冲泡的差距很大,因此导致两者品质评价的差别。光敏型白化茶的绿茶、红茶、黄茶与常规品种同类茶叶比较,不耐高温水的长时间浸泡,茶汤容易变得黄而不亮,滋味变苦,从而导致品质特色和优点的丧失。

三、感官品质特征

(一) 绿茶品质风格

1. 针形茶

外形秀直纤似松针或秀直似剑,色泽绿显黄或金黄;茶香浓郁持久,滋味鲜醇爽口,汤色显黄明亮,叶底嫩黄或玉黄。当前采用机械加工的针形茶,由于机械性能的欠缺和茶叶芽体自身的扁状特点,往往难以做到横断面圆紧、条索纤秀的风格,多呈略扁、似剑状态(图 8-2)。

图 8-2 针形茶外形特征

2. 扁形茶

外形扁平挺直尖削匀称,色泽绿显黄或金黄;茶香浓烈持久,滋味鲜醇爽口,汤色显黄明亮,叶底嫩黄或玉黄(图 8-3)。

3. 条形茶

外形紧结秀直,色泽绿显或金黄;香气清幽持久,滋味鲜醇爽口,汤色显黄明亮,叶底完整成朵、嫩黄或玉黄(图 8-4)。采用轻度揉捻或进行轻度压条的茶叶则外形趋紧或趋紧直。

图 8-3　扁形茶外形特征　　　　　　　图 8-4　条形茶外形特征

4. 卷曲茶

外形锋苗紧结卷曲,色泽绿黄相间或金黄;香气浓郁持久,滋味鲜醇爽口,汤色显黄明亮,叶底成朵、嫩黄或玉黄(图 8-5)。

5. 蟠曲茶

外形芽叶抱折、钩月或螺状,色泽绿黄相间或金黄;香气浓郁持久,滋味鲜醇爽口,汤色显黄明亮,叶底成朵、嫩黄或玉黄(图 8-6)。

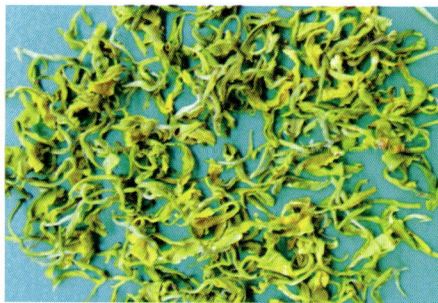

图 8-5　卷曲茶外形特征　　　　　　　图 8-6　蟠曲茶外形特征

(二)红茶品质特征

光敏型白化茶加工成红茶后,黄色白化特征完全被发酵红变所掩盖。品质特征是,干茶外形细紧、匀齐、乌润;汤色红亮;香气鲜甜或带花香、纯正持久;滋味甘醇或甜醇鲜爽,回甘;叶底柔软明亮、红匀。与常规品种加工的红茶相比,汤色红亮而浅,香气较为甜郁,滋味清鲜而甜;御金香与黄金芽比较,前者干茶乌润稍逊,汤色深红,而滋味浓爽(图 8-7)。

图 8-7　工夫红茶外形特征

（三）青茶品质特征

采用清香型铁观音茶工艺加工的青茶品质特征是,肥壮蟠曲紧结重实,色泽砂绿显黄,汤色金黄似琥珀色,香韵幽雅馥郁,"音韵"悠长,滋味醇柔甘鲜,回甘,极耐冲泡;叶底柔软黄色明亮(图 8-8)。与原产于福建安溪的铁观音茶比较,干茶色泽显绿、黄,汤色更黄亮,叶底色泽显黄,没有安溪铁观音的暗绿特征。

四、品级标准

（一）黄金芽品级标准

根据宁波市地方标准 DB3302/T061-2008《黄金芽茶》,黄金芽茶分两个系列、两个级别(表 8-3)。

（二）黄茶品质特征

品质特征是,色泽金黄亮泽,汤色橙黄,叶底明黄,香气甜郁,滋味醇厚、回味甘鲜,耐泡(图 8-9)。

图 8-8　御金香乌龙茶(左)与安溪铁观音茶比较

图 8-9　黄金芽茶采制的黄茶(左)、绿茶特征

表 8-3　宁波黄金芽茶感官品级标准

项目	条形茶		蟠曲形茶	
	24K	18K	24K	18K
条索	紧、直	细、直	抱折钩月	卷曲如螺
整碎	匀整	匀整	匀整	匀整
净度	匀净	匀净	匀净	匀净
色泽	明绿泛金或金色	泛金隐绿,亮泽	明绿镶金或金色	泛金显绿,亮泽
香气	香高郁持久	香高尚郁,持久	香高郁持久	香高尚郁,持久
汤色	黄、柔亮	黄、明亮	黄、柔亮	黄、明亮
滋味	醇鲜、回甘	醇鲜、尚回甘	醇鲜、回甘	醇鲜、尚回甘
叶底	嫩黄或玉黄、细嫩成朵明亮	玉黄、细匀成朵明亮	嫩黄或玉黄、细嫩成朵明亮	玉黄、细匀成朵明亮

（三）醉金红品级标准

根据宁波黄金韵科技有限公司的标准,醉金红茶的分级标准如表 8-4 所示。

表 8-4　醉金红茶感官品级标准

项目	黄金芽家系种		御金香	
	特级	一级	特级	一级
外形	细紧、乌润	紧结、乌润	细紧、乌润显毫	紧结、乌润
汤色	红亮	红亮	橙红明亮	橙红明亮
香气	甜香持久	甜香持久	甜香持久	甜香持久
滋味	醇鲜、回甘	醇鲜、尚回甘	浓醇、鲜回甘	浓醇、鲜回甘
叶底	红亮、细嫩	红亮、细匀	红亮、细嫩	红亮、细匀

（四）御金香乌龙茶(铁观音茶)品级标准

根据宁波黄金韵科技有限公司采用清香型铁观音茶工艺采制的御金香乌龙茶品质,分级标准如表 8-5 所示。

表 8-5　御金香乌龙茶(铁观音工艺)感官品级标准

	特级	一级
外形	肥壮紧结重实,砂绿显黄	肥壮紧结,砂绿显黄
汤色	琥珀色	橙黄
香气	花香,馥郁,持久	馥郁,持久
滋味	醇柔甘鲜,耐泡	醇,甘鲜,耐泡
叶底	柔软嫩黄明亮	黄色明亮

五、品质差异

(一)品种差异

主要表现在同一采制工艺不同家系品种之间的差异和同系不同品种之间的差异。如前所述,黄金芽家系品种在采制不同风格的绿茶时,茶叶外形有着很大的差别,如黄金甲芽体秀长,采制的针形茶十分秀丽,形态完美程度优于黄金芽、醉金红等芽体稍短的品种,而采制扁形茶时美观程度恰好相反。如图 8-7 所示,在采制同一工艺红茶时,黄金芽和御金香表现出不同的品种特征,前者干茶色泽乌润,汤色红亮,滋味鲜醇感明显,后者乌润稍灰,有毫,汤色橙红,滋味浓爽。

(二)季节差异

季节差异除了表现为芽叶形态的区别外,对光敏型白化茶来说,主要是白化程度差异带来的品质区别。黄金芽家系种的前期春茶黄色程度总体上不及中后期,而春茶又不及夏秋茶,但当夏秋季节持续阴雨时,采制的茶叶黄化程度反而会比春茶低,御金香也存在同样情况。如图 8-10 所示,左边

图 8-10　御金香秋茶(左)与春茶比较

168

御金香秋茶鲜叶呈浅黄色,加工的干茶偏于绿色,而右边春茶鲜叶金黄,采制的干茶色泽黄亮。

(三) 白化差异

由于不同年间、季节的光照变化往往是不均衡的,导致白化程度表达的差异,茶叶品质差异也随之产生。

光敏型白化茶未白化或轻度白化鲜叶及其加工成品,色泽总体上比常规品种茶叶偏向于黄色;而与低温型白化茶比较,未白化或轻度白化鲜叶差异和干茶色泽较为接近,叶底仍然有明显区别;高度白化鲜叶和叶底有着截

图 8-11　高度白化的低温型白化茶(左)与光敏型白化茶比较

然不同的色差,但干茶色泽往往很接近(图 8-11)。低温型白化茶鲜叶越白,干茶越黄,而光敏型白化茶鲜叶越白,干茶越黄。

同品种鲜叶不同白化程度比较,干茶外形、内质差异悬殊(表 8-6)。

表 8-6　不同白化程度的茶叶品质比较

	黄金芽		御金香	
	鲜叶	干茶	鲜叶	干茶
轻度白化	浅黄	色泽明绿,汤色嫩黄、叶底嫩黄绿;香气清高,滋味醇鲜回甘	浅黄	色泽明绿,汤色嫩绿、叶底嫩绿;香气清高,滋味醇厚甘鲜
高度白化	金黄	色泽金黄,汤色柔黄、叶底玉黄;香气浓郁,滋味鲜醇回甘	金黄	色泽金黄,汤色柔黄、叶底玉黄;香气浓郁,滋味鲜醇回甘

图 8-12 上排是御金香轻度白化叶和高度白化叶的叶底比较,前者呈轻度的嫩黄色,而后者呈玉黄色;下排是黄金芽白化良好叶和充分白化叶的叶底比较,前者黄中稍显嫩绿,后者则呈明显的黄色。

图 8-12　御金香、黄金芽不同白化度叶底比较

第二节　生化品质

光敏型白化茶的生化成分总体上与低温敏感型白化茶相近,特点是,氨基酸含量水平总体高于常规品种,而茶多酚含量显低,酚氨比小;波动范围大;氨基酸组成相似,但儿茶素组成有差异。

一、水浸出物含量

光敏型白化茶水浸出物含量总体上略高于白叶 1 号。2004 年至 2013 年十年间,原产地黄金芽水浸出物含量历年均值 45.4%,高于白叶 1 号 2.9 个百分点;2008 年至 2013 年间,御金香水浸出物含量历年均值 46.3%;2012 年至 2013 年间,黄金甲和醉金红的水浸出物含量分别为 46% 和 46.5%;黄金芽引种到江苏镇江后,水浸出物含量(2009 年)48.1%,与原产地的最高含量 48.8% 相近(表 8-7)。

表 8-7　　各品种历年春茶水浸出物指标　　　　（单位:%）

| | 原产地 | | | | | 镇江 |
	白叶 1 号	黄金芽	御金香	黄金甲	醉金红	黄金芽
样品数	19	21	13	2	2	1
最低	34.9	41.3	38.6	45.2	44.7	48.1
最高	49.3	48.8	50.9	46.7	48.2	48.1
均值	42.5	45.4	46.3	46.0	46.5	48.1

黄金芽、御金香同季不同采期茶叶的水浸出物含量对比发现,随着采期的推进,黄金芽的水浸出物含量呈下降趋势,而御金香的水浸出物含量呈上升趋势。原因可能是,黄金芽前期芽叶粗壮,后期芽叶瘦薄,而御金香生长势强,后期茶叶的生化成分更为充足(表 8-8)。

表 8-8　　2012 年不同品种春茶水浸出物含量变化情况　（单位:%）

	4 月 11 日	4 月 17 日	5 月 2 日	5 月 7 日
黄金芽	48.50	46.20	44.80	45.80
御金香	44.00	46.90	46.60	47.80

二、咖啡碱

各品种不同季节、采期的相同嫩度芽叶,咖啡碱含量表现出相对稳定性;品种间比较,御金香、黄金甲相对较高,黄金芽与白叶 1 号接近,而醉金红明显较低(表 8-9)。

表 8-9　　各品种春茶咖啡碱历年水平(余姚)　　（单位:%）

	白叶 1 号	黄金芽	御金香	黄金甲	醉金红
变幅	2.1~4.8	2.6~4.1	3.1~4.4	3.65~3.7	2.50~3.03
均值	3.44	3.47	3.66	3.68	2.77

但处于成熟期的晚秋梢咖啡碱含量会出现大幅下降。水浸出物相对接近的情况下,处于驻芽成熟期的顶梢咖啡碱含量仅为幼嫩芽叶的 1/3~1/2,同时下降的还有茶多酚(表 8-10)。因此,御金香晚秋梢打顶采制的铁观音茶滋味表现出相对柔醇。

三、氨基酸

氨基酸是茶叶的重要生化指标,光敏型白化茶有两个重要的氨基酸变化特点,一是氨基酸含量总体上高于常规品种,二是氨基酸波动范围远大于常规品种。

表 8-10　　幼嫩新梢与成熟顶梢咖啡碱含量对比　　（单位：%）

	采摘日期	萌展期	水浸出物	茶多酚	咖啡碱
黄金芽	20040905	秋二叶期	32.70	27.30	4.60
	20041105	成熟顶梢	39.20	11.30	1.50
御金香	20090530	春二轮梢	45.30	20.00	3.40
	20091020	秋驻芽顶梢	42.30	16.00	1.80
御金香	20110505	春驻芽嫩梢	47.80	20.70	3.90
	20111016	秋驻芽顶梢	46.20	14.00	1.90

（一）氨基酸水平

经黄金芽等光敏型白化茶原产地在 2004 年至 2013 年间生产的产品跟踪检测，总体上，各个品种均具有较高的氨基酸水平，各品种的氨基酸最高含量分别是：黄金芽 7.0%（20040417），御金香 6.4%（20120411），黄金甲 9.4%（20120410），醉金红 5.4%（20130429），白叶 1 号 7.0%（20120410），除醉金红的采制嫩度为驻芽期原料外，其他均为一芽二叶嫩度。当氨基酸含量变化时，感官品质也相应出现变化，呈现明确的对应关系，这是白化茶的品质优于常规品种的原因。

（二）氨基酸变化规律

任何茶叶的氨基酸含量总是因生态条件、茶树状况、芽叶嫩度等不同而处于波动之中，而白化茶的氨基酸水平是在较高水平前提下的波动。目前虽尚未准确把握不同条件下氨基酸等生化指标相关的变化数据，但从不同年间、季节、树龄和区域的产品检测结果分析，可以获知氨基酸等生化成分变化的规律。

1. 年间变化

表 8-11 是各品种历年同期氨基酸含量变化情况。由于依赖的生态条件不一，各品种的氨基酸含量在不同年间处在较高水平的波动。当某些年份阴雨低温时，白叶 1 号等低温型的品质趋于优异，而黄金芽、御金香等光敏型的品质不显；当某些年份晴朗天气持续时，黄金芽、御金香等光敏型的品质优势就会显现。

表 8-11　　各品种春茶氨基酸历年指标　　（单位：%）

	白叶 1 号	黄金芽	御金香	黄金甲	醉金红
变幅	4.6~7.0	4.2~7.0	4.2~6.4	6.4~9.4	5.0~5.4
均值	5.98	5.19	5.08	7.9	5.20

2. 季节变化

光敏型白化茶具有多季白化特色，白化带来的茶叶品质差异不仅在外观上有别于常规品种和低温型，更重要的是体现在内质的优化。对于常规品种来说，春茶氨基酸含量超过夏秋茶，春茶前期氨基酸含量超过后期；低温型白化茶只在春季表现白化，因此夏秋茶品质等同于常规品种；而对于光敏感白化茶来说，由于叶色黄化伴随着一系列生化物质代谢的变化，就会出现十分独特的情况。如表 8-12 所示，2009 年黄金芽的春茶二轮梢茶氨基酸含量超过第一轮茶，而御金香的晚秋茶氨基酸含量超过春茶，其他年份也出现了同季后期氨基酸含量反超现象。这个特点成为光敏型白化茶开发夏秋茶和周年生产优质茶的独特优势。

表 8-12　不同采期氨基酸含量变化情况 （单位：%）

	采样年份	氨基酸	采样年份	氨基酸
黄金芽	20090411	5.10	20090530	5.60
	20110418	4.40	20110421	5.20
	20120411	3.20	20120417	4.80
御金香	20080407	5.10	20080412	5.70
	20090411	4.60	20091020	5.20

3. 树龄变化

栽培实践发现，随着树龄的增加，茶叶氨基酸含量会出现下降趋势，这个现象是光敏型白化茶和低温型白化茶的共同特点（表 8-13）。分析原因，可能是由于随着树龄的增加，树体的增大，营养相对分散，或由于枝叶相互蔽荫，导致白化不足而出现氨基酸下降。因此，在栽培上，对成龄茶树树冠控制分枝密度、整修茶行两侧枝梢是提高品质的重要措施。

表 8-13　不同树龄、品种氨基酸变化情况 （单位：%）

品种	2004 年	2009 年	2013 年
白叶 1 号	7.0	6.9	4.6
黄金芽	7.0	5.6	5.2

4. 区域变化

与常规品种一样，在我国，随着纬度的北移，绿茶品质趋于优化，茶叶中氨基酸品质出现提高趋势，原产地黄金芽、御金香的最高氨基酸含量分别为 7.0% 和 6.4%，而引种到江苏溧阳后，同龄茶园氨基酸水平大幅提高（表 8-14）。与此相同的情况是，在同一区域，随着海拔的上升，年活动积温下降,氨基酸含量和感官品质得到优化。

表 8-14　不同产地氨基酸含量　　　　　　(单位:%)

	黄金芽	御金香	白叶 1 号
浙江余姚	6.8~7.0	5.1~6.4	5.6~7.5
江苏溧阳	7.3~9.8	7.6~10.0	6.5~10.2

(三) 氨基酸组成

2005 年对黄金芽和白叶 1 号的氨基酸组成进行氨基酸自动分析仪分析表明,两者在组成上没有显著差异,茶氨酸是最主要的氨基酸成分,分别占 18 种被测氨基酸总量的 57.4% 和 56.8%(表 8-15);精氨酸含量仅次于茶氨酸,谷氨酸含量处于第三位;黄金芽的 18 种氨基酸含量高于白叶茶 1 号。

表 8-15　春茶氨基酸组成分析(2005 年 4 月 17 日)　　(单位:mg/100g)

氨基酸	黄金芽	白叶 1 号
茶氨酸	2202.21	1902.05
精氨酸	273.01	311.51
谷氨酸	266.58	237.87
苏氨酸	216.48	205.47
赖氨酸	213.45	176.89
组氨酸	198.14	200.74
天门冬氨酸	198.97	210.06
丝氨酸	108.02	88.25
丙氨酸	59.64	47.59
酪氨酸	23.58	19.87
苯丙氨酸	19.68	20.36
缬氨酸	16.36	14.01
脯氨酸	15.02	14.48
亮氨酸	10.19	10.09
甘氨酸	6.25	5.58
异亮氨酸	5.27	4.04
甲硫氨酸	3.03	3.01
胱氨酸	0.39	0.19
合计	3836.27	3472.06

运用自动分析仪得到的分析结果,氨基酸总量远远低于比色法测定的氨基酸总量。原因可能有三方面。第一,茶叶中可能有一些含量高的氨基酸没有在氨基酸自动分析仪中被鉴定出来;第二,茶叶提取物中可能存在一些低肽化合物或者酰胺类化合物,这些化合物对茚三酮具有颜色反应,因此使比色值提高,而这些化合物对多酚类具有络合作用,使白茶的滋味更加醇和,但用氨基酸自动分析仪测定时没有被检测出来;第三,不同标准物的响应值差异很大,如谷氨酸的响应值大于茶氨酸,样品测定结果要低于茶氨酸为标准的测定结果,而比色法测定只用一种化合物为标准,对测定多种氨基酸的混合物及不同品种茶叶的氨基酸组成也存在差异。

四、茶多酚与儿茶素

茶多酚是茶叶生化品质的另一重要指标,儿茶素是茶多酚的主要组成。茶多酚、氨基酸的两者含量水平是茶叶中一对互为消长、衡量茶叶品质高低的重要生化指标。白化茶的氨基酸水平高于常规品种,相对应而言,茶多酚含量较低。但光敏型白化茶的茶多酚水平高于低温型白化茶;儿茶素的组成也有所差别。

(一)茶多酚水平

光敏型白化茶具有较高的茶多酚含量,滋味相对厚、耐泡。

表 8-16 是不同氨基酸水平的茶多酚含量比较。2008 年(按 GB8313-2002 测定),黄金芽、御金香的茶多酚含量分别高出白叶 1 号 2~4.1、0.7~3.1 个百分点;2009 年至 2013 年(按 GB8313-2008 测定)统计,黄金芽、御金香的茶多酚含量分别高出白叶 1 号 5.3~8、4.5~5.3 个百分点。

表 8-16　不同品种茶多酚含量水平范围　　　　　(单位:%)

	黄金芽	御金香	白叶 1 号
2008 年	24.8~27.4	23.5~26.4	22.8~23.3
2009 年后	16.4~23.4	14.6~20.7	10.1~15.4

2008 年,黄金芽茶氨基酸水平接近白叶 1 号,多酚含量高出 8.8%;御金香氨基酸含量高于白叶 1 号,而茶多酚含量高出 15.8%;2010 年,三种茶叶的氨基酸含量基本接近,但黄金芽、御金香的茶多酚含量分别高出白叶 1 号11.7%和 9.1%(表 8-17)。

表 8-17　不同品种相近或较高氨基酸水平条件下茶多酚含量

表 8-17　不同品种相近或较高氨基酸水平条件下茶多酚含量

（单位：%）

品种	黄金芽		御金香		白叶 1 号	
	茶多酚	氨基酸	茶多酚	氨基酸	茶多酚	氨基酸
2008 年	24.80	4.80	26.40	5.10	22.80	4.70
2010 年	17.20	4.40	16.80	4.20	15.40	4.30

（二）茶多酚变化规律

如上所述，光敏型白化茶有着夏秋茶氨基酸超过春茶、或春茶后期超过前期的特点，而茶多酚含量总体上与氨基酸呈现负相关趋势，但并不是完全遵循两者之间互为消长的对应规律。如图 8-13 所示，黄金芽等三个品种的氨基酸含量从低到高排列后，茶多酚的变化总趋势呈下降态势，但在氨基酸含量约 4.4%～4.8%时出现一个低值，在 5.1%～5.6%时又出现第二个峰值，其中黄金芽的茶多酚含量在氨基酸含量为 5.6%时出现最高值，超过低氨基酸水平时的茶多酚含量。从采样数据来源看，这种变化与开采季节无关，确切原因尚有待进一步探索。

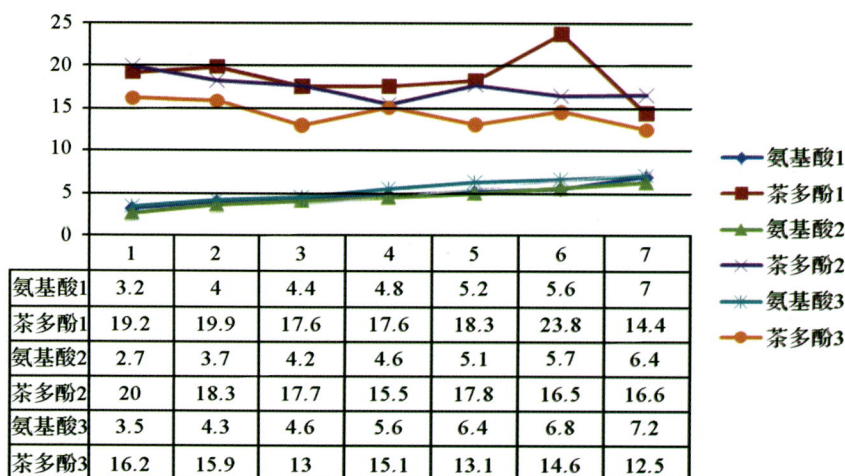

	1	2	3	4	5	6	7
氨基酸1	3.2	4	4.4	4.8	5.2	5.6	7
茶多酚1	19.2	19.9	17.6	17.6	18.3	23.8	14.4
氨基酸2	2.7	3.7	4.2	4.6	5.1	5.7	6.4
茶多酚2	20	18.3	17.7	15.5	17.8	16.5	16.6
氨基酸3	3.5	4.3	4.6	5.6	6.4	6.8	7.2
茶多酚3	16.2	15.9	13	15.1	13.1	14.6	12.5

图 8-13　不同品种茶多酚与氨基酸含量变化（单位：%）

注：1-黄金芽，2-御金香，3-白叶 1 号

（三）儿茶素组分

儿茶素是茶多酚类物质中的重要成分，主要有 8 种物质，即表儿茶素（EC）、儿茶素（C）、儿茶素没食子酸酯（CG）、表儿茶素没食子酸酯（ECG）、

没食子儿茶素(GC)、表没食子儿茶素(EGC)、没食子儿茶素没食子酸酯(GCG)、表没食子儿茶素没食子酸酯(EGCG)。其中前 6 种儿茶素是简单儿茶素,后两种是复合儿茶素。研究表明,在人体抗氧化、清除自由基等方面,表型儿茶素的作用更大,其中 EGCG 的效果最好,其余依次是 ECG、EGC、EC。

HPLC 分析黄金芽等三个品种的儿茶素总量及 6 种儿茶素的结果表明(表 8-18),从总量看,黄金芽最高,御金香最低,白叶 1 号处于中间水平;第一大儿茶素均为 EGCG,但御金香所占比重最高;第二大儿茶素有明显区别,黄金芽、御金香的是 EGC,而白叶 1 号的是 GCG;EGCG、ECG、EGC、EC 等四种表型儿茶素合计,不管是在绝对量和比重上,黄金芽、御金香均超过白叶 1 号。这个结果说明,黄金芽和御金香比白叶 1 号更具健康价值。

表 8-18　不同茶树品种儿茶素组成分析结果　(单位:mg/g)

	DL-C	EC	ECG	EGC	GCG	EGCG	儿茶素总量	E 型儿茶素比重
黄金芽	0.68	2.02	3.87	4.56	1.65	5.44	18.25	87.2%
御金香	0.27	1.63	2.20	4.38	0.56	6.28	15.31	94.6%
白叶 1 号	0.91	0.92	1.67	3.67	4.76	5.43	17.42	67.5%

五、酚氨比

酚氨比是衡量茶叶品质的重要指标,通常认为,酚氨比越小,茶叶鲜爽味越好,品质越理想。据原产地黄金芽 26 个茶样统计,酚氨比小于 4 的茶叶全部是春茶,酚氨比大于 6 时,夏秋茶占大多数;御金香 18 个茶样统计,酚氨比小于 4 的茶叶多数是春茶,酚氨比大于 6 时,全部是夏秋茶(表 8-19)。

表 8-19　不同氨基酸水平的酚氨比情况　(单位:%)

	项目	<3.0	3.0~4.0	4.1~6.0	>6.0
黄金芽	酚氨比	2.04~2.12	3.15~3.96	4.1~5.93	6.81~13.14
	茶多酚	14.3~14.6	15.0~21.8	16.4~25.7	19.11~22.33
	氨基酸	6.88~7.0	4.4~5.6	2.8~5.6	1.7~3.1
	茶样数	2	8	12	4
	其中夏秋茶	0	0	2	3

	项目	<3.0	3.0~4.0	4.1~6.0	>6.0
御金香	酚氨比	2.59~2.89	3.08~4.0	4.3~5.61	6.36~8.7
	茶多酚	16.45~16.6	14.6~18.8	15.9~20.7	14.0~20.0
	氨基酸	5.7~6.4	4.2~5.2	3.1~4.2	2.2~2.7
	茶样数	2	8	5	3
	其中夏秋茶	0	1	1	3

第三节　质量安全

茶叶质量安全,是茶产品最基本的质量要求,其内容包括四个方面,即农药残留、重金属、非茶夹杂物和添加剂、细菌等有害微生物。其中农药残留是最主要的关注对象。

我国已制定茶叶相关质量安全国标和行标38项,其中茶叶卫生标准、无公害食品茶、绿色食品茶、有机茶等共8项,其他为分茶类产品质量安全标准;制定茶叶相关质量安全检测方法国标和行标共51项,其中六六六、三氯杀螨醇、Pb、Cu、Cb等农残、重金属安全性指标12项。

国际标准化组织(ISO)规定了1项茶叶产品质量标准和14项检验方法;联合国粮农组织(FAO)规定了茶叶的10种农残标准(mg/kg):甲基毒死蜱0.1、氯氰菊酯20、溴氰菊酯10、三氯杀螨醇50、硫丹30、杀螟硫磷0.5、氟氰戊菊酯20、杀扑磷0.5、氯菊酯20、克螨特10。世界茶叶主要生产国和进口国规定的要求项目更多、更苛刻。欧盟在2003年4月发布的茶叶农残—实施规则(ETC18/03)规定了156种最大农残标准限量,其中列出茶叶常见的农残49种;日本在2003年规定茶叶的农残标准种类达81种,其中禁止使用甲胺磷、氰戊菊酯、溴氰菊酯、三氯杀螨醇、辛硫磷、阿维菌素、多菌灵、敌敌畏、草甘膦、三唑磷、杀虫双和杀草强等12种农药,还规定了其他限量:总灰分15%、水分5%、砷2mg/kg、重金属(Pb计)20mg/kg;美国规定进口食品农残为32种,其中溴氰菊酯限量0.5mg/kg。

一、国家茶叶质量安全标准

卫生部和国家标准化管理委员会于2005年颁布了GB2762《食品中污染 物限量》和GB2763《食品中农药最大残留限量》两个标准,替代1988年颁布的 GB9679 标准,其中涉及茶叶的有铅、稀土等两项污染物指标和 9 项农药指标;2010 年卫生部和农业部又联合发布了 GB26130《食品中百草枯等 54 种农药最大残留限量》标准,规定了一种杀菌剂、一种除草剂和五种杀虫剂的限量指标。

2013 年 3 月 1 日起,GB2763-2012《食品中农药最大残留限量》标准修订版颁布实施,涉及茶叶行业的 4 项国家标准和 4 项农业行业标准同时被取代和作废。其中国家标准 4 项:GB2763-2005《食品中农药最大残留限量》、GB2763-2005《食品中农药最大残留限量》第 1 号修改单、GB26130-2010《食品中百草枯等 54 种农药最大残留限量》、GB28260-2011《食品中阿维菌素等 85 种农药最大残留限量》;农业行业标准 4 项:NY660-2003《茶叶中甲萘威、丁硫克百威、多菌灵、残杀威和抗蚜威的最大残留限量》、NY661-2003《茶叶中氟氯氰菊酯和氟氰戊菊酯的最大残留限量》、NY1500-2007《农产品中农药最大残留限量》、NY1500-2009《农产品中农药最大残留限量》。

新标准将原有的 29 项农药品种筛查、缩减、补充、修正,最终设立了 25个涉茶指标。其中,乙酰甲胺磷、硫丹、灭多威等 18 项指标是从原有的 4 部国家标准中保留而来的;吡虫啉、多菌灵等 5 项指标为原农业行业标准中项目;新增设联苯菊酯、噻虫嗪两个涉茶农药品种(表 8-20)。

表 8-20　食品中农药最大残留限量(GB2763-2012)

项目	MRL/EMRL（mg/kg）	ADI（mg/kg）	用途	检验方法
杀螟丹（cartap）	20	0.1	杀虫剂	GB/T20769
氯菊酯（permethrin）	20	0.05	杀虫剂	GB/T23204、SN/T1117
除虫脲（diflubenzuron）	20	0.02	杀虫剂	GB/T5009.147、NY/T1720
氯氰菊酯（cypermethrin）	20	0.02	杀虫剂	SN/T1969
氟氰戊菊酯（flucythrinate）	20	0.02	杀虫剂	GB/T23204
氯氟氰菊酯（cyhalothrin）	15	0.02	杀虫剂	SN/T1117
溴氰菊酯（deltamethrin）	10	0.01	杀虫剂	GB/T5009.110、SN/T1117
硫丹（endosulfan）	10	0.006	杀虫剂	GB/T5009.19
噻嗪酮（buprofezin）	10	0.009	杀虫剂	GB/T23376
噻虫嗪（thiamethoxam）	10	0.026	杀虫剂	GB/T2077
甲氰菊酯（fenpropathrin）	5	0.03	杀虫剂	GB/T23376、SN/T1117
联苯菊酯（bifenthrin）	5	0.01	杀虫剂	SN/T1969
哒螨灵（pyridaben）	5	0.01	杀虫剂	GB/T23204、SN/T2432

续表

项目	MRL/EMRL (mg/kg)	ADI (mg/kg)	用途	检验方法
丁醚脲(diafenthiuron)	5	0.003	杀虫剂	未说明
灭多威(methomyl)	3	0.02	杀虫剂	NY/T761
氟氯氰菊酯(cyfluthrin)	1	0.04	杀虫剂	SN/T1117、GB/T23204
杀螟硫磷(fenitrothion)	0.5	0.006	杀虫剂	GB/T14553、GB/T19648、GB/T5009.20、GB/T20769、NY/T761
吡虫啉(imidacloprid)	0.5	0.006	杀虫剂	GB/T23379
滴滴涕(DDT)	0.2	0.01	杀虫剂	GB/T5009.19
六六六(HCH)	0.2	0.005	杀虫剂	GB/T5009.19
乙酰甲胺磷(acephate)	0.1	0.03	杀虫剂	GB/T5009.103
苯醚甲环唑(difenoconazole)	10	0.01	杀菌剂	GB/T19648、SN/T1975、GB/T5009.218
多菌灵(carbendazim)	5	0.03	杀菌剂	GB/T20769、GB/T23380、NY/T1680、NY/T1453
草甘膦(glyphosate)	1	1	除草剂	SN/T1923
草铵膦(glufosinate-ammonium)	1	1	除草剂	未说明

注:MRL—最大残留限量(mg/kg),EMRL—再残留限量(mg/kg),ADI—每日允许摄入量(mg/kg)。

二、无公害茶标准

农业部 2004 年修订的 NY/T5244《无公害食品茶叶》标准,规定了 12 种农药残留和铅限量标准(表 8-21)。

表 8-21　无公害茶农药残留和重金属限量指标(NY/T5244-2004)

项　　目		指标(mg/kg)
滴滴涕(DDT)		≤0.2
甲胺磷(methamidophos)		不得检出(≤0.02)
氰戊菊酯(fenvalerate+esfenvalerate)	RR+SS	不得检出(≤0.05)
	RS+SR	不得检出(≤0.05)

项　目	指标(mg/kg)
乐果（包括氧乐果）（the sum of dimethoate and omethoate expressed as dimethoate）	不得检出(≤0.05)
敌敌畏（dichlorvos）	不得检出(≤0.02)
乙酰甲胺磷（acephate）	≤0.1
杀螟硫磷（fenitrothion）	≤0.5
氯氟氰菊酯（cyhalothrin）	≤3
联苯菊酯（bifenthrin）	≤5
甲氰菊酯（fenpropathrin）	≤5
溴氰菊酯（deltamethrin）	≤10
氯氰菊酯（cypermethrin）	≤20
铅（以 Pb 计）	≤5

三、茶叶绿色食品标准

农业部于 2012 年颁布了 NY/T 288《绿色食品—茶叶》，从中规定 13 种农药残留和 2 种重金属限量指标(表 8-22)。

表 8-22　绿色食品茶叶中农药残留和重金属限量指标(NY/T 288-2012)

项　目	指标(mg/kg)
滴滴涕（DDT）	≤0.05
六六六（BHC）	≤0.05
三氯杀螨醇（dicofol）	≤0.01
甲胺磷（methamidophos）	不得检出(≤0.02)
氰戊菊酯（fenvalerate＋esfenvalerate）	不得检出(≤0.02)
乐果（包括氧乐果）（the sum of dimethoate and omethoate expressed as dimethoate）	不得检出(≤0.05)
敌敌畏（dichlorvos）	不得检出(≤0.02)
乙酰甲胺磷（acephate）	≤0.1
杀螟硫磷（fenitrothion）	≤0.2
氯氟氰菊酯（cyhalothrin）	≤3
联苯菊酯（bifenthrin）	≤5
甲氰菊酯（fenpropathrin）	≤5
溴氰菊酯（deltamethrin）	≤5

项 目	指标（mg/kg）
氯氰菊酯（cypermethrin）	≤0.5
啶虫脒（acetamiprid）	≤0.1
铜（以 Cu 计）	≤30
铅（以 Pb 计）	≤5

四、有机茶标准

2002 年农业部颁布的 NY5196-2002《有机茶》标准，规定了铅、铜限量指标和 14 种不得检出的农药要求（表 8-23）。

表 8-23　有机茶农药残留和重金属限量指标（NY5196-2002）

项 目	指标（mg/kg）
滴滴涕（DDT）	不得检出
六六六（BHC）	不得检出
三氯杀螨醇（dicofol）	不得检出
甲胺磷（methamidophos）	不得检出
氰戊菊酯（fenvalerate＋esfenvalerate）	不得检出
乐果（包括氧乐果）（the sum of dimethoate and omethoate expressed as dimethoate）	不得检出
敌敌畏（dichlorvos）	不得检出
乙酰甲胺磷（acephate）	不得检出
杀螟硫磷（fenitrothion）	不得检出
联苯菊酯（bifenthrin）	不得检出
甲氰菊酯（fenpropathrin）	不得检出
溴氰菊酯（deltamethrin）	不得检出
氯氰菊酯（cypermethrin）	不得检出
喹硫磷（quinalphos）	不得检出
铜（以 Cu 计）	≤30
铅（以 Pb 计）	≤5

第九章　综合利用

除了茶作栽培外,光敏型白化茶在园林绿化、茶花饮品、油料和食材资源等领域也有着巨大的应用价值。

第一节　园林绿化

茶文化和园林文化是我国传统文化的两个分支,有着同样悠久的历史,在民族精神传承和文化发展中占有重要地位。茶文化和园林文化的结合、渗透,既是各自系统的补充和完善,又是传统文化体系的丰富和发展。茶树在园林绿化中的应用,是两支文化相互促进的重要载体。

一、应用价值

茶树形态丰富、枝密常绿、花叶并茂、适应能力强、可塑性好,具备园林绿化植物所要求的优秀属性。但是长期以来,在我国传统园林中,茶树鲜有在园林绿化中应用;同样,在漫长的茶与文化发展过程中,囿于茶的传统价值理念,被局限于饮料作物的开发利用领域。而今,伴随着经济社会发展和人们审美观念的改变,人们对茶树在园林绿化中应用的认识有所改变,尤其是黄金芽、御金香等多季、全年黄色茶树品种的出现,更新了茶树的园林应用价值和理念。

光敏型黄色系茶树作为现代园林绿化的理想色叶树种,在茶树园林化和茶园园林化应用方面具有良好发展前景。

(一)热带、亚热带区域中、下层绿化的重要树种

园林绿化景观布局,在垂直方向分布可分为上、中、下、地表和墙面等五个层面。上层由乔木型植物组成,地表由草皮、草本花卉等地被植物组成,墙面多由攀附性藤本植物组成,中、下层则由半乔木、灌木组成。中、下层是园林植物中变化最大、景观最为丰富的层面。从审美角度看,该层景观主要是由观色、观形等两类植物组成多姿多彩的绿化形态。

在现代园林绿化中,色叶植物构建的景观被广泛应用。色叶植物是指绿叶植物外的黄、红、紫、白等不同颜色的观叶植物,由草本、木本等两类植物组成。在热带、亚热带区域公共绿化时,木本色叶植物经济、美观、管抚便利,占有很大的绿化比重。其中,木本黄色植物的采用率很高,但种类并不丰富,主要有金叶女贞、金森女贞等少数几种植物,这为光敏型黄色系白化茶的园林应用提供了发展机遇。

(二)茶文化园林建设的主体树种

近年来,茶文化发展风起云涌,茶馆茶轩、茶园茶景等景观布局争相夺彩,但依托茶树为主体所构建的茶文化主题公园却十分稀少,其原因不在于茶树品种的缺乏,而在于茶树叶色的单一。

茶树有着乔木、半乔木、灌木之分,但我国历来只注重绿色茶树品种开发,目前所有的数千个茶种,几乎是清一色的绿叶品种,虽然有着紫芽、红芽及黄绿叶、深绿叶等色泽之分,但在视觉上全部属于绿色系范围,不能与其他植物的色泽相媲美,这就导致了在茶文化园林构建中茶树作为主体树种地位的丧失。白叶1号等白色品种出现后,也因白色白化只在春季低温时表现,时间短,美感不足,难以达到理想的景观效果。黄金芽、御金香等黄色品种以及紫娟等紫色品种的出现,对提升茶树的绿化地位起到了颠覆性作用,其所表现出多季或全年的金黄色泽,是当前园林绿化中最为靓丽别致的黄色色叶植物(图9-1)

图9-1　由黄色茶树与绿色茶树组成的茶园景观

（三）色彩茶园的主体树种

当前,茶园经营不再是单一的茶叶生产,旅游、休闲、文化、生活的多重要求,给茶园经营提出了产业水平、生态美化等更高要求。光敏型白化茶多季或全年黄色,不仅能满足优质夏秋茶、特色高品位茶等生产愿望,也为茶园园林化、生态化、色彩化建设创造了条件。以黄色为主体的茶园与绿色、紫色、白色等茶树品种营造的精致、多彩茶园,在提高经营效益的同时,也创造了茶旅游、茶文化价值,带来茶园经营理念的创新和突破,对茶产业发展注入新的生命力。

1. 单色茶园

由黄金芽等单一黄色系品种构建的茶园,不仅仅是体现"黄金满园"的单一景观,而是与周边植物形成一幅以黄金这主色调的奇异画面(图9-2)。

图9-2 黄金芽茶园冬景(上)和夏景(下)

2. 多色茶园

由黄、绿、紫、白等茶树品种搭配布局的茶园,不仅是茶园经营中平衡季节安排、丰富产品花色结构的重要策略,更是创造美丽茶园的绝佳选择(图9-3)。

3. 套种茶园

与花木、果树等植物搭配栽培,在改善茶园生态的同时,可以促进茶园的美化(图9-4)。

二、绿化茶苗培育要点

茶树园林绿化应用一般要求追求立竿见影的效果,其中大地绿化要求

图 9-3 黄、白、紫、绿等四种茶树构建的茶园春色

图 9-4 套种樱花的黄金芽茶园春色

成景快,而盆景植物要求是一个完整作品。因此,绿化苗木不同于新建茶园采用的一年生苗,而是采用多年培育的大规格苗木。

绿化茶树苗木来源可分为嫁接苗和扦插苗,一年生苗木要经过移栽、培育树冠,形成一定规格后方可成为商品苗木。对于经营者来说,也是一个创新效益的周期。茶树扦插育苗已在第三章中详述,这里简要介绍嫁接育苗和移栽育冠技术要点。

186

（一）嫁接育苗

1. 砧木、接穗

砧木应选择生长旺盛、易于育砧、嫁接亲和力强的品种，春前接时应选择萌芽期早于或等同于接穗的茶树品种；按砧木状况分为老枝砧、新梢砧和苗砧，前两者多为老茶树改造茶苗，后者可采用扦插苗或子播茶苗。

2. 嫁接时间

一年中，除了无成熟枝梢的春茶生长期和严寒冬季，其他时间均可进行茶树嫁接，但以春接、早秋接为宜。春接在春茶萌动前嫁接，当年生长量非常大，到秋后能形成树冠锥形；夏接在当年新梢成熟后的6—8月进行，伤口愈合快，秋后生长量也可达到50cm以上，但因逢高温季节，管抚要求高，劳动强度大；秋接在9—10月进行，以当年嫁接口愈伤组织形成，或出现萌芽为宜；冬接在10—12月间进行，由于茶树临近休眠和严冬，嫁接口愈合较差，因此宜早不宜迟，并要强化接后保温措施。

3. 嫁接方法

由于茶树皮层薄而分离难，接穗较细，因此多采用枝接法。按嫁接部位分高位嫁接和低位嫁接，按接入方式分为切接、腹接和劈接。

切接是嫁接口在砧木截面的一侧，由上向下切开一个插穗面的方法，一般适用于砧粗穗细的嫁接组合；劈接是嫁接口在砧木截面的正中，由上向下切开一个插穗面的方法，适用于砧穗等粗或砧粗穗细的嫁接组合；腹接是嫁接口在砧木枝条的腹部，又称切腹接，要求砧粗穗细。

不同接入方法的插穗削取有很大区别，切接和腹接要求接穗削成单侧楔形，劈接则削成双侧楔形或正楔形；老树低位嫁接时，可采用覆土压实代替绑扎的方法，这样可大大节省时间，但当砧木直径小于1cm时，则应绑绳扎紧。

老枝砧。嫁接前要做好茶园砍树、清园、耕土、备土工作。首先在离地5~10cm处将地上枝用柴刀砍去。切、劈接时，用手锯锯平枝条断面；砍下的茶枝清理出园后，应进行土壤翻耕。单条栽茶园沿根部两侧挖深10cm，敲碎土块，堆积成垄，以备接后覆土之用；当园土板结严重、翻耕土块不足时，应就近准备客土。一般每丛选取适合嫁接的2~4个茶枝为砧木。

新梢砧。老茶园应在春前或春茶提前结束进行重修或台刈，新梢萌展后到4、5叶时进行抹梢，保留4~6个枝梢，并力使其健壮生长。当枝梢嫁接位粗度在4mm以上、半木质化程度时可进行嫁接。

苗砧。先接后移植的嫁接育苗一般在春前进行，圃中直接嫁接的可在春前或梅季、早秋进行;圃中直接嫁接时,应先清除细弱苗,为待接苗留出生长空间。砧木枝梢嫁接位粗度在 4mm 以上、达到半木质化程度。除特殊要求外,嫁接部位一般在地颈部 5～10cm 处,即第一二个健壮饱满芽眼位。

4. 接后管抚

茶树嫁接后要重新建立一个地上、地下部的营养平衡体系,直至形成一个砧穗共同体的完整植株。嫁接苗生长速度快,但接后砧、穗会同步萌展生长,导致相互争夺养分,影响接穗新梢的萌展。因此,嫁接后管抚措施主要有:

首先要确保嫁接初期砧、穗尽快愈合,防止因下雨、洪水或干旱影响伤口切面分离;其次要及时除萌灭蘗,嫁接位以下砧木萌生的不定芽长至 2～3cm 时,应逐芽从基部拔去,确保营养及时供给接穗新梢生长;三是对接穗已成活、新梢萌展至触及薄膜袋等覆盖物时,及时将袋剪开或除去;四是对嫁接未成活茶砧,应保留 2～4 枝萌生蘗,为补接创造条件;当嫁接苗长到 25cm 高度时,应及时进行打顶,促发侧枝,而后应根据茶园培养目标分别进行树冠培育。

(二) 大苗育成

园林绿化工程往往需要大规格苗木,一年生扦插苗或嫁接苗就无法满足工程需求。因此,茶苗移栽育冠是茶树园林绿化应用的重要环节。茶苗移栽培育要求速度快、树冠形态好,重点要掌握以下基本技术环节。

1. 合理密植

合理密植是有效利用土地和良好树冠形成的基础。随着茶树生长,所占空间相应增大,因此,在移栽布局时应充分考虑市场需求树体发育空间,合理布局,选择合适的移栽密度(表 9-1)。

表 9-1 不同树龄茶树移栽密度要求

移栽树龄	树势状况			种植密度	
	树高(cm)	冠幅(cm)	种植行(cm)	行株距(cm)	亩植量(万株)
一年生	20～30	15～20	150	20×20	1～1.1
二年生	30～45	25～30	150	30×30	0.5～0.6
三年生	40～55	35～45	150	45×45	0.28～0.3

2. 无损伤移栽

育苗用地一般具有较好肥水条件和管理措施,茶苗移栽季节比茶园种植要灵活得多。但是,茶苗移栽时一定要做到不伤及茶苗根系,尽量做到带土移栽;长途运输时慎防挤压。夏、秋插茶苗一般在第二年梅季可进行移植,而冬春、梅插茶苗在当年秋后至翌年春前一定要重新移栽。试验表明,株高15~20cm、根系长度小于15cm且密集的茶苗移栽容易成活,后续生长势好,而一足龄大苗往往根系受伤过多,移栽初期效果不理想。

3. 园间管理

绿化用苗培育的施肥方法与茶园施肥有很大不同,由于株距较小,难以进行沟施、穴施等,因此除底肥外,施肥多以撒施和液肥为主,用肥量根据树势状况,坚持少量、多次、适量的原则。一般每次亩施肥不超过10kg为宜。

为加快茶树生长,可采取延长遮阴时间,减少黄化程度,提高生长态势。除阴雨连绵季节外,原则上气温高于30℃的生长季节全部采取遮阴,同时为便于园间除草、育冠等操作管理,建议采取高度1.6m以上高平棚遮阴。与茶园栽培一样,园间管理要加强病虫草害防治。

4. 树冠塑造

树冠状况是绿化用苗的重要指标,树龄越大,树冠要求越高。因此,茶树苗木培育时一定要注重树冠形态塑造。绿化用苗有平形、球形、伞形等多种形态和规格要求,结合绿化用苗需求进行不同冠形的塑造。

修剪是茶树育冠的重要技术,在培育时应掌握季节进行合理修剪,一般选择在每一轮生长季节的茶芽萌动前或休止后,年度修剪频度不超过4次,适宜时间为秋茶后至春茶前、春茶后、夏季中期和秋茶前。修剪高度一般在原剪口提高5~10cm,根据不同冠式要求掌握修剪形态。

三、园林绿化技术要点

园林绿化有着系统的工程技术要求,因绿化目标不同,技术要求不一,但不管何种绿化,都必须遵循茶树种性的基本要求。

(一)适宜范围

茶树适宜于热带、亚热带植物区域的酸、中性土壤栽培,在平原、城镇绿化工程中,遇土质状况不良时,应加客土30cm以上,同时避免低洼区域种植茶树,以满足茶树对酸性土壤的基本要求。

(二)品种布局

公共园林绿化往往存在着环境恶劣、管理失当等现象,光敏型白化茶树在园林绿化时,应特别考虑黄化、树势与光照等适应能力。从品种抗逆能力看,御金香最好,醉金红次之,黄金甲、黄金芽相近,金玉缘最为脆弱。因此,根据不同绿化环境条件和搭配的绿化植物,选择适宜品种(表9-2)。

表9-2　光敏型茶树品种适宜生态及景观布局

品种	抗日灼性	适宜地段	适宜光照	垂直布局方式
御金香	强	全光照区	100%	主栽树种
醉金红	中等	稍荫区	减光30%	中下层树种
黄金甲	较弱	半荫区	减光50%	中下层树种
黄金芽	较弱	半荫区	减光50%	中下层树种
金玉缘	弱	半荫区	减光60%	中下层树种

(三) 种植技术

大地园林绿化形式一般有块状、条带状、点状等基本形式,根据景观要求美化成各种几何图形。不管什么形式,除了上述所要求的垂直布局要求外,在平面布局上应根据茶树树体发育规律,合理确定种植密度。移栽苗木要求做到,一是二年生以上苗木必须带土移栽(图9-5),二是适度修剪,三是及时种植。

图9-5　茶苗带土移栽

(四) 管抚技术

园林绿化的管抚重点是确保绿化植物良好的景观效果,对于光敏型白化茶来说,种植当年是管抚的关键时期,大地规模化色块绿化必须保证80%以上成活率,才能有效地形成景观。要根据光敏型白化茶不同品种习性,做好以防日灼为重点的保苗工作;根据茶树生长季节,开展除草、病虫防治和树冠整修工作。

第二节 花果利用

中华人民共和国卫生部发布的 2009 年第 18 号公告和 2013 年第 1 号公告,分别批准了茶籽油、茶树花作为新资源食品。这标志着茶树作为一种集饮料、油料等多种利用价值的经济作物得到法定认可,为多花多果的光敏感白化茶资源综合开发提供了广阔空间。

一、花果应用价值

(一)茶花成分及功效

研究表明,茶花(蕾)具有茶叶产品基本相同的生化物质组成,其中蛋白质、总糖、黄酮类物质以及超氧化物歧化酶(SOD)、过氧化氢酶(CAT)等活性物质含量较高,除了具备茶叶一般功效外,在解毒、养颜方面具有更好功效,且因芳香浓烈,品饮价值独特。据有关资料报道,茶树花的水浸出物含量为 53%,茶多酚含量 10.5%,儿茶素含量6.34mg/g,氨基酸含量2.84%,咖啡碱含量 2.59%,蛋白质含量27.46%,总糖含量38.47%,黄酮类物质含量 0.62%;茶树花粉中蛋白质含量高达29.18%,脂肪含量仅为2.34%,还原糖含量为27.72%,蔗糖含量为 8.57%,维生素 A、D、B_1、B_2、C、E、K 的含量(mg/100g)分别为 0.79、0.02、0.09、2.74、1.20、0.60 和0.03,SOD 和 CAT活性分别为 203.8U/g 和 321.9U/g;茶树花粉是一种优质花粉,其中必需氨基酸组成接近或超出 1997 年 FAO/WHO 颁发的标准。

光敏型白化茶由于遗传因素决定,孕蕾、开花能力强,呈味、呈香物质也较为丰富,因此具有良好的开发利用前景。

(二)茶子成分及功效

茶籽油是从茶树种子中获得的一种食用油,简称"茶油"。茶籽油中所含的不饱和脂肪酸、维生素 E 及茶叶特有的茶多酚、茶碱等成分,具有预防心脑血管、抗辐射、延缓衰老等作用。能够调节免疫活性细胞,增强免疫功能,消除人体自由基,美容,抗氧化,抗衰老,防"三高",具有很高的营养价值和保健价值。

目前市场公认茶籽油是仅次于橄榄油、优于山茶油的高级食用油,市场上往往与山茶树种子提取的"山茶油"相混淆。茶籽油和山茶油主要区别在于是否含茶多酚,茶籽油含有较多的茶多酚和维生素E,而山茶油基本没有;茶籽油的亚油酸、不饱和脂肪酸含量高于山茶油;与橄榄油相比,茶籽油不饱和脂肪酸含量为橄榄油的3~6倍,维生素E含量约为橄榄油的5~10倍,还富含茶多酚、植物甾醇、胡萝卜素、角鲨烯、维生素A、B等多种强抗氧化剂及铁、锌、镁、钙等矿物质(表9-3)。

表9-3 茶籽油、山茶油和橄榄油理化指标比较

项目	茶籽油	橄榄油	山茶油
碘值(gI/100g)	112	8~88	83~89
皂化值(mgKOH/g)	—	188~196	193~196
折光指数(25℃)	—	1.47	1.47
油酸含量(%)	56	65~85	74~87
亚油酸含量(%)	20	3~8	7~14
亚麻酸含量(%)	1~4	0.1~0.5	0.3~1.5
不皂化物含量(%)	0.77	0.5~1.5	0.5~0.9
维生素E含量(mg/kg)	1590	70~190	510~750
茶多酚含量(%)	0.3~1	未检出	0.0012~0.0022

资源来源:百度搜索(茶籽油)。

茶籽油来源于茶果剥去果皮、外种皮后榨取的油料,茶子的含油率一般为25%~35%,按照目前加工工艺,茶子出油率在15%~20%。御金香、黄金甲等光敏型白化茶结实能力良好,种子大,高产性能好,是较为理想的油用原料作物。

二、花果生育规律

茶树叶芽、茶芽同位,花果"抱子怀胎",花果生育总体上遵循茶树阶段发育、周年发育的一般规律;与常规品种比较,光敏型白化茶总体上表现为孕蕾开花能力强,结实能力不一。

(一)花果发育特点

1. 阶段发育特点

有性繁殖的茶树一般要到三龄后才进入生殖生长阶段,无性繁殖的常规品种茶树会提前到二龄后孕蕾开花,但白化茶往往在一龄后开始大量开花,甚至在扦插当年也表现强盛的孕蕾开花能力。

2. 周年发育特点

茶树从孕蕾至开花,需要半年时间;从开花到果实成熟,又要历经一周

年时间。花蕾一般在 6—7 月间当年一、二轮成熟新梢上孕育,进入秋梢成熟后期开始膨大,开花期在 10—12 月;形成幼果后,直到第二年 6—7 月间重新发育,直到秋冬季成熟。花蕾、果实的大量孕育能导致茶树营养生长向生殖生长的优势转化。首先,枝梢大量孕蕾、果实形成后,抑制后续新梢萌发,三轮以后新梢萌发量和生长量减少,导致翌年优质茶芽萌展部位下降;其次,开花、结实又会消耗茶树体内营养,从而一定程度上抑制树势,削弱翌年茶叶产量,这是一对营养生长与生殖生长矛盾的平衡关系。

(二)花果发育影响因素

茶树的孕蕾、开花、结实,受茶树品种、茶园模式、茶园树龄、茶树枝梢、栽培技术和生态条件等因素影响。

1. 茶树品种

总体上白化茶表现出较强的孕蕾开花能力,结实和白化遗传能力不一,并与白化相关性小。开花能力强弱依次为黄金芽、御金香、金玉缘、黄金甲、醉金红;结实能力最强的是御金香,其次是黄金甲,黄金芽、金玉缘结实率低,而醉金红更弱;御金香种子具有良好的白化遗传能力,其他品种种子的遗传分离现象严重。

2. 茶园模式

立体采茶园比平面采茶园、稀植茶园比密植茶园更易孕育花蕾。其原因是前者着生部位多、阳光充足、采摘影响小。

3. 茶园密度

一般地,树龄越大,茶树越易开花,但成龄茶园冠面分枝密度增大时,因树冠内部光照不足,开花能力会大幅下降。因此出现幼龄茶园、未封行茶园的鲜花、茶果产量往往高于成龄封行茶园的现象。

4. 生长轮次

茶树每年萌发的春(第一轮)、夏(二、三轮)、秋(四、五轮)梢中,第一、二轮梢是孕育花蕾的枝梢,三至五轮一般不能孕育花蕾。如图 9-6 所示,当二轮梢出现花蕾时,制约三轮后新梢萌展能力,甚至出现停止萌发下轮新梢的现象。

5. 生态条件

自然生态对茶花、茶果发育也起着重要的影响。茶树开花季节遭遇冰点以下低温时,花、蕾因受冻而枯萎(图 9-7);开花季节的连绵阴雨和冬季严寒导致茶果对结实率大幅下降;夏季干旱又会导致茶果发育受阻。

图 9-6　茶树花蕾孕育部位　　　　　图 9-7　受冻后花蕾凋零状态

6. 栽培技术

影响因素有树冠修剪、施肥、采摘等技术。茶树从孕蕾到果实成熟要经过一年半生长周期，突破了茶树常规栽培的年周期管理界限。一定程度上，茶花生产与茶叶生产能获得相互协调，但茶果生产涉及跨年度树冠培养，与茶叶生产存在严重技术冲突。在茶叶、花果兼收目标要求下，树势调控显得较为复杂。

三、花果生产技术

对茶叶、花果兼收茶园来说，茶叶是主要经济目标，因此是在维持茶叶优质高产前提下开展技术调控。

（一）茶花生产技术

根据光敏型茶树的花果生育规律，在以茶叶生产为主要经济目标的前提下，茶花生产应首先选择立体采摘茶园，并从品种、树冠状况、修剪等方面进行考虑。

1. 品种

选择黄金芽、御金香、黄金甲为宜。这三个品种孕蕾、开花能力强，产量高；品种间花朵稍有不同，黄金芽花色偏黄，香气浓郁，御金香花容完整美观，而黄金甲花形硕大（图 9-8）。

2. 茶园状况

树冠状况包括茶园坡度、覆盖度、树龄等内容。平缓山地茶园随着树龄增大，茶行趋于郁闭，茶花产量随之下降，而梯田茶园或坡度较大茶园由于上下茶行的高差，茶树受光较多，因此具有较高的茶花产量；茶园覆盖度在80%以上，茶行间能孕育花蕾的数量大幅下降，丧失采花的经济意义。从黄

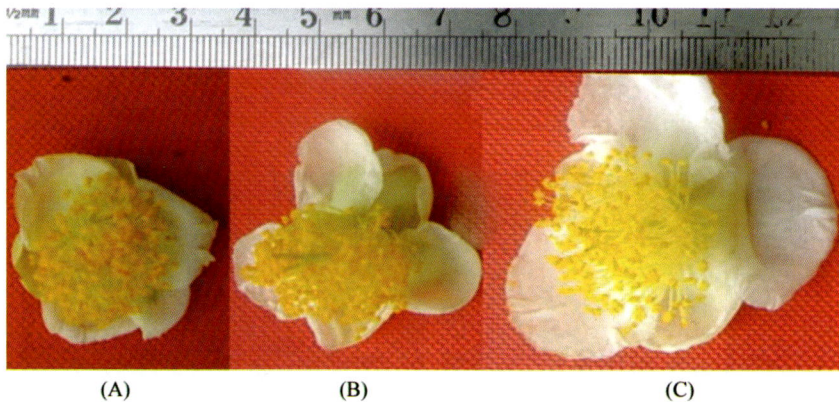

图 9-8　黄金芽(A)、御金香(B)、黄金甲(C)花朵形态

金芽不同树龄发育态势分析,标准宽度的茶行在五年生时能超过 90% 的覆盖率。因此,采花茶园一般是覆盖度较低的低龄茶园或改造茶园。

3. 树冠培育

茶树花蕾在一、二轮新梢上孕育,三轮以上极少孕育花蕾。由于生产茶园一般在春茶采摘后进行重度修剪和树冠再造,因此,花蕾采摘部位主要依靠二轮新梢。在兼顾翌年春茶产量、确保强盛树势前提下,采花茶园的树冠培育要注重二轮新梢生长势的培育,这与常规立体茶园和控制花蕾生产的树冠培育完全相反(表 9-4,图 9-9)。

表 9-4　白化茶立体采摘茶园花果调控技术比较

	促进花果树冠调控	控制花果树冠调控
关键技术要求	春茶后修剪→重点培养二轮梢→有花枝采摘树冠层	春茶后修剪→定位控制二轮梢→重点促发秋梢→无花枝采摘树冠层
树冠采摘层指标	有花枝组成的二至五轮枝梢,树冠层深度为 40～60cm、密度 20～25 个/尺²;二轮梢与二轮后梢长度比为 1～2 比 1	基本不含有花枝的秋梢组成,新梢深度 40～60cm、密度 20～30 个/尺²;无花枝梢与二轮梢长度比为 6～8 比 1
年度各轮新梢利用分布	一轮:采摘 二轮:重点培育 三、四轮:制约性蓄养 五轮:自然蓄养	一轮:采摘 二轮:控制性修剪 三轮:制约性蓄养 四、五轮:促进生长发育

4. 适时采花

江浙地区,茶花一般在 10 月中旬至 12 月下旬开放,气温下降到零下、

195

出现霜冻或冰冻时,茶花因受冻而枯萎死亡;轻度受冻时花瓣虽能保持鲜活状态,但花蕊已经死亡,这样,花朵就失去利用价值(图9-10)。同时,秋冬是茶园封园季节,石硫合剂喷施后,就会造成花朵农药污染,无法进行采摘。因此,一定要统筹安排生产。

图9-9 茶树花果着生部位　　　　图9-10 冰冻导致茶树花蕊死亡

(二)茶果生产技术

春茶采摘和春后修剪是茶叶生产与茶果生产最大的技术矛盾。在茶叶采收为主要目标的茶园经营中,除了服从茶叶高产优势的前提外,在栽培技术措施上就适当进行调整,尽可能保留茶果着生部位,提高茶果产量,根据御金香茶试验,在自然蓄养条件下,8年生茶树单株茶果产量1kg、茶子253g;按每亩1800株栽培计算,亩产茶子为455kg;生产茶园因树冠大小和覆盖率不同,产量差异悬殊(表9-5)。

表9-5　御金香立体茶园不同覆盖率茶果产量

茶行宽度 (cm)	茶树年龄	覆盖率 (%)	茶树高度 (cm)	亩产茶果 (kg)
120	3年生	60	80	18.4
120	4年生	80	80	35.5
120	4年生	90	60	28.3
120	5年生	80	80	101.4
120	5年生	100	115	3.6

根据不同茶树品种的结果性能和年周期中茶树生长的营养—生殖平衡

关系,茶果兼采茶园的关键技术应掌握以下环节:

1. 品种、适宜区域与种植密度

选择御金香、黄金甲等结果性能好的茶树品种;种植区域应选择在年活动积温大于4500℃温暖茶区;种植密度双行宽1.5m、单行双株的标准行布局为宜。

2. 树冠形态

采用立体采摘茶园模式,成龄茶园覆盖率控制在80%～90%;当年树冠采收层深度为40～60cm,其中二轮梢长度占当年树冠层枝梢长度为30%～50%,分枝密度20～25个/尺^2,当年新梢叶面积指数不超过4,并要求茶行两侧通风、光照良好。

3. 树冠修剪

种植第二年春后修剪时,应清除基部细弱分枝,当年保留8～10个健壮枝梢;第三年采摘层分枝密度20～30个健壮枝梢,第四年起分枝密度控制在20～25个/尺^2;当茶园覆盖率小于80%时,尽量保留茶行两侧横向生长的分枝;当茶园覆盖率大于80%时,春后修剪适度清除茶行两侧萌生的细弱枝。

4. 树势培育

秋冬基肥施用时增加磷、钾肥比重。一般成龄茶园亩施150kg饼肥,配施25～40kg复合肥,春前适当使用速效氮肥,夏秋季控制速效氮肥的使用。

5. 采摘方法

春茶采摘主要集中在采摘层健壮枝梢萌展的芽叶,而对于树冠两侧和中下层新梢适度保留。

四、茶花加工

茶花的开放季节一般在10月中下旬后至气温降至冰点前,不同品种的开花有所迟早,浙江地区御金香、黄金甲的盛花期一般在10月底至11月中旬,而黄金芽的盛花期要推迟10天左右,因开放较迟,花蕾容易因霜冻、冰冻而凋零(图9-10)。因此准确把握采收季节对于茶花生产十分重要。

(一)鲜花标准

茶花开放过程一般分为展萼、露白、花苞开放、凋零(结实)等四个阶段,开放前的花蕾色泽是由绿色至白色的渐变过程,开放后的花朵由绿色花萼、白色花瓣、黄色花蕊等三部分组成;展萼期的花蕾为绿萼绿瓣的球状花蕾,露白期和开放初期的花苞为绿萼白瓣的球状花蕾,完全开放后的花朵为绿萼白瓣的碗状或碟状花朵,凋零前花朵的花蕊首先失去鲜活色泽,而后花瓣枯萎(图9-11)。

图 9-11 茶树花蕾不同开放程度

根据茶树花蕾开放规律和花蕾特性,鲜花原料可分为绿蕾、白蕾、白苞、花朵等四种类型(表9-6)。

表 9-6 茶树鲜花分类标准

类型	鲜花形态特征	开放特征	加工后形态
绿蕾	绿瓣,球状花蕾	花瓣稍露白色或绿色	球状、草绿色、茶香
白蕾	白瓣,球状花蕾	花瓣白色,采后不开放	球状、白色、茶香
白苞	白瓣露蕊,球或钟状	采后能开放或开放度小于20%	球状、白色、花香
花朵	白瓣黄蕊,碗、碟状	开放度大于20%至花蕊失活前	不规则、白瓣黄蕊、花香

(二)鲜花采摘

宜在阴天或晴天进行。开花前、中期首先分类采摘白苞和未凋零的花朵;气温临近0℃时,一次性采摘所有花、蕾。

(三)花蕾筛选

一次性采摘的花苞、花蕾,根据不同品种的花体大小,先用不同孔目度的筛子,分筛出花朵、白苞、白蕾、绿蕾等原料,再进行手工拣剔归类。其中:
花朵选取筛选后开放20%以上的花苞,选取时剔除开放过度、花蕊已经枯萎死亡的花朵和颗粒大的白苞、杂物等;白苞选取催花工艺后能轻度开

198

放的未开放白苞、采摘时开放度在 20％以下的花苞,选取时剔除开放度过大的花苞、经催花后花瓣不能开裂的白蕾和绿蕾;白蕾选取催花后花瓣不能开裂的白蕾,绿萼白瓣,球状形态良好,选取时剔除开放或能开放的花苞、绿蕾;绿蕾选取绿萼绿瓣或微白的花蕾。

(四) 制干工艺

理想的茶花产品要求在保持原色基础上形成美观形态和良好内质。茶花加工的特点是:花蕊密集,水分散失缓慢,而花瓣莹薄,容易干燥焦变;茶多酚含量低,红变现象少;未开放花苞、花蕾与开放花朵的香型相异。根据这些特点,绿蕾、白蕾、白苞加工的外形要求是能保持球状形态,白苞要采取专门的催花技术,花朵加工要谨防花粉脱落。加工工艺流程是:脱水、灭活、摊放、烘干、烤花。其中摊放、烘干工艺一般要重复二三次,方能达到足够干燥程度。

1. 脱水

绿蕾、白蕾的特点是无固有花香、球体紧实、水分散失困难,而花朵的特点是花瓣莹薄,花蕊密集,花粉容易脱落。三者在灭活前首先要脱去花体部分水分。技术条件是:室内湿度 30％～50％,温度 25～30℃,摊放厚度不超过 2cm,时间 20～24 小时,失水 30％以上,花体保持原色。

白苞特点是花香显露、球体形态。脱水时同时进行催花,促使花苞适度开放、吐露芳香,脱去部分水分,同时不破坏花苞球状形态,不造成花粉脱落。催花技术条件是:湿度 60％～70％,温度 22～25℃,摊放厚度不超过 2cm,时间 6～8 小时,控制开放度不超过 15％,花体保持原状的同时,促使芳香显露。

2. 灭活

采用内热式加热方法,使花体内生物酶活性得到彻底灭活。灭活温度为 84℃～100℃,时间 90～100 秒,要求花体色泽、形态与鲜花一致,表面微干,质地柔软,花香显露。本工序关键是防止花瓣失水过度,产生无法回潮、脱落或红变现象。

3. 摊放

灭活或烘干工序后茶树花应迅速摊放在竹匾中冷却(采用风冷为佳),在常温下摊放 1.5～2 小时,厚度不超过 3cm,使花蕊水分能均匀地渗透到表面。第一次至花体表面潮湿、柔软为度,第二、第三次至花蕊与表面水分基本相近为度。

4. 烘干

温度 40～50℃,每次时间 40～60 分钟不等,摊花厚度不超过 2cm。三次烘干的花体水分含量分别在七成、八成、九成干,第三次下机后要求花体质感硬脆,手捏欲碎。

5. 烤花

温度 50～70℃,时间为 25～30 分钟,花苞质感干燥、手捏成粉、花香浓郁带甜时下机。

(五) 品质特征

茶树干花品质要求是外形美观,色泽似鲜,香韵明显,甜香显露、回甘(图 9-12)。

图 9-12　不同茶树花及冲泡后形态

参照绿茶泡饮方法,三种花蕾产品成品品质及泡饮品质特征如表 9-7 所示。

表 9-7　茶树花产品感官品质特征

		花朵	白苞	白蕾	绿蕾
干茶品质	形态	扁形、不规则	近球状、匀齐	球状、匀齐	球状、匀齐
	色泽	净白色,金黄花蕊	净白色,偶见金黄花蕊	净白花瓣、草绿花萼	绿或微白瓣、草绿花萼
	香型	花香显露、甜香	花香显露、甜香	略带花香、甜香	茶香显露、略香

		花朵	白苞	白蕾	绿蕾
泡饮品质	汤色	杏黄	杏黄	浅杏黄	淡绿
	香型	花香浓郁、略甜	花香浓郁、略甜	花香明显、略甜	茶香、清高
	滋味	鲜醇，微苦回甘	鲜醇，微苦回甘	柔醇，微苦回甘	清醇，微苦回甘
	底色	白瓣黄蕊、展开	白色、球状	绿萼白瓣、球状	绿萼绿瓣、球状

第三节　食材开发

茶叶食材，是指利用茶树幼嫩芽叶、花朵、茶果等加工成菜肴或食品的食物材料。"菜茶"与"食茶"在我国茶利用史上由来已久。茶作羹饮，《晋书》有"吴人采茶煮之，曰茗粥"之载；我国少数民族地区依然保持着把茶当菜食的习惯，如云南基诺族的"凉拌茶"、景颇族的"腌茶"、布朗族的"酸茶"等，浙江地区历史上最有名茶菜是"龙井炒虾仁"。

食茶与饮茶相比，更能发挥茶的保健作用。茶叶中有许多水不溶性物质，包括纤维素、蛋白质、脂类、脂溶性维生素、不溶性矿物质等。饮茶仅有约35％的水溶性物质被人们利用，而食茶的利用率是百分之百。中医有"药食同源"之说，茶菜、茶食既是美味，又有药食一体的双重功效。茶性清淡，与腥膻、荤腻食材搭配时，可以去腥解腻，增强菜肴清香和鲜爽味，有助于消化与消脂，有助于调节现代人高油高脂的饮食。因此，开发茶叶食材资源，不仅是拓宽茶资源利用途径，更是现代生活的多样化追求所需。

一、茶叶食材资源种类

这里介绍的茶叶食材资源是指幼嫩芽叶、茶花、茶果及其初级加工产品，不包括精深加工获得的各种产品。

（一）幼嫩芽叶

常规品种茶叶含有大量茶多酚，苦涩味成为茶叶食用的品质干扰因素。光敏型白化茶高氨、低酚的生化成分特点，为减少苦涩味起到了良好作用。利用幼嫩芽叶制作食材时，应选择白化程度高的嫩梢；蔬菜制作可选择单芽、一芽一叶至四、五叶等不同嫩度，制作食品配伍的茶粉时一般选用一芽三、四叶的芽叶。

（二）茶花

可选择未开放的花蕾、花苞或完全开放的花朵，直接食用或加工成食品配伍的粉末。

（三）茶果

应选择茶外种皮尚未呈褐色、硬化的幼嫩种子作为食用部位。6、7 月间是采摘食用茶果的理想时机，此时茶果形态已经完全发育，茶胚处于发育初期，种皮内胚液充盈，种子质地柔软，剥去果皮后可以获得洁白、柔软的种子。表 9-8 是 2013 年御金香果实发育进展情况。7 月中旬果实膨大已近最大化，但种胚发育刚刚开始，7 月 13 日检测，种胚尚未发育，种皮呈白化、质地柔软，胚液黏性小，糖度计测定固形物浓度为 2.4%～2.9%，鲜食滋味清凉、微苦；7 月 28 日检测，种胚迅速膨大，直径 0.5～0.55cm，种皮呈棕色化，质地稍硬化，胚液呈胶质并减少，糖度计测定固形物浓度为 3.5%～3.6%，鲜食滋味趋于苦涩。据此结果，在果实完全膨大至种胚膨大期间，是种子食用适宜期（图 9-13）。

表 9-8　御金香果实发育进程

| 日期 | 种子质地 | 三裂 | | | | | 一裂 | | | | |
		子径(cm)	胚径(cm)	果重(g)	子重(g)	液浓(%)	子径(cm)	胚径(cm)	果重(g)	子重(g)	液浓(%)
7.13	白色、软壳	1.5	/	6.4	3.3	2.9	1.2	/	2.9	1.3	2.4
7.21	浅棕、软壳	1.4	0.2	5.4	2.8	3.1	1.3	0.3	2.5	1.1	3.1
7.28	棕色、稍硬	1.5	0.5	6.9	2.9	3.5	1.3	0.55	3.1	1.0	3.6

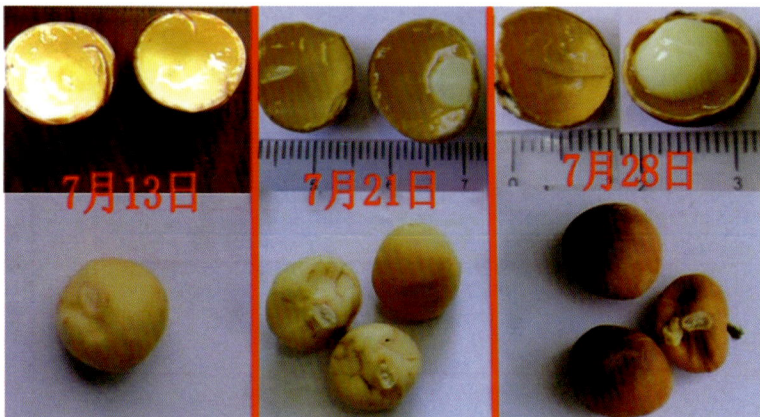

图 9-13　御金香种子发育进程

二、茶叶食材资源利用原则

作为食材资源的利用应把握三大原则：一是食材资源生产的卫生安全状况，不管是芽叶、茶花还是茶果，应在卫生安全许可范围，没有受到农药、化肥及环境等因素造成的污染；二是茶叶食材的摄入必须因人而宜，适量适度，防止食用过量引起身体不适，而对茶敏感或忌食人群对茶食制品应慎重对待；三是配伍食材不会引起生化成分的相互冲突，甚至产生有害物质。

三、茶食资源利用途径

茶食资源的利用途径十分广泛，各地可以根据各自的饮食习惯，创造出丰富多样的食用方法。这里只简单提及茶菜肴、茶糕点制作的基本理念。

（一）菜肴制作基本理念

中华菜肴的制作方法是一个庞大体系，居家生活菜肴也因地、因人饮食习惯不同而丰富多样。采用茶树芽叶、茶花、茶子等为食材原料进行制作时，可能结合当地生活习惯，制作喜爱的美味。制作时应体现下列基本理念：

一是体现茶的风味特色。在食材配伍、佐料搭配或制作时，用料应科学，配比要适量，制作方法要得当，能充分显示茶的香气、滋味等风味特点。

二是显示茶菜时尚风格。根据不同食材特点，创新出令人耳目一新的新型茶肴。如利用黄金芽炒虾仁，可以利用黄金芽芽叶色泽金黄与虾仁色泽嫩白的特色，制作出一道胜过"龙井炒虾仁"的同料名菜——"黄金白玉"；又如，利用御金香一芽四、五叶和一芽一、二叶的不同嫩度芽叶，配以蛋清、蟹黄等食料，采用宁波菜做法，制作出"金枝玉叶"、"秋菊傲霜"等菜肴（图9-14）。

三是发挥茶叶生化功效。在食材配伍和运用炒、蒸、煮、炖、煎等不同制作技术时，要熟悉茶与其他食材配伍后的生化反应，采取相应技术，防止褐变、红变等风味坏变现象和有害物质产生，制作出有利于健康的佳肴。

（二）糕点制作基本理念

茶叶食材可以制作出十分理想的天然色素，满足不同糕点制作的需要（图9-15）。利用茶原料制作糕点首先要对茶食材进行粉碎，一般要求孔目度越细越好，240目以上的超微茶粉在制作糕点时更显细腻；糕点制作配伍时用量应适宜，以苦涩味不显露为度；同时对经过高温加工的食品，应尽量减轻高温对茶叶色素的影响。

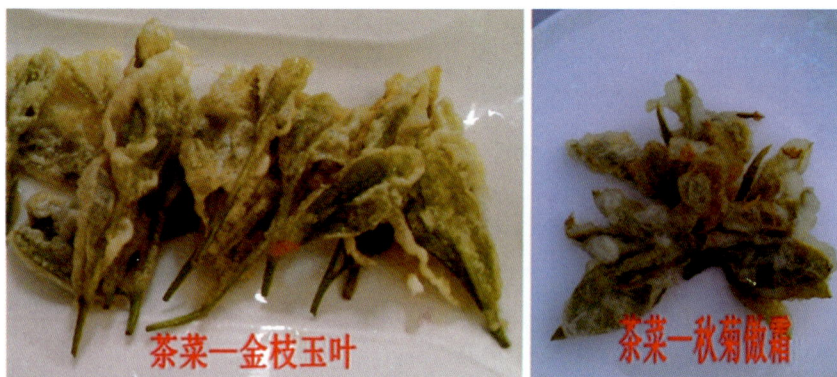

图 9-14 茶菜——金枝玉叶、秋菊傲霜

图 9-15 不同茶原料粉末(左起:御金香绿茶、乌龙茶,醉金红,黄金芽绿茶、茶花)

附录 宁波市地方标准（DB3302/T061-2008）

黄 金 芽 茶

宁波市地方标准（DB3302/T061-2008）于2008年发布实施，分种苗、栽培、加工、商品茶等四部分。标准由宁波市林业局提出，宁波市林特科技推广中心、余姚市林特科技推广总站、余姚德氏家茶场、浙江大学茶叶研究所等单位负责起草，主要起草人：王开荣、李明、陆建良、张龙杰、沈立铭、王荣芬。

本标准颁布后，国家对食品卫生质量安全管理职能及相关政策作了重大调整，质量安全要求也处在不断调整、更新之中，因此本标准涉及的商品质量安全指标以最新国家权威部门发布的为准；同时由于技术的不断进步，使本标准的部分技术方法得到修正。

第1部分 种苗
1 范围
本部分规定了黄金芽茶的种苗要求、扦插育苗、试验方法与检验规则、标志、标签、运输及贮存等技术要求。

本部分适用于茶树品种黄金芽苗木及其繁育。
2 规范性引用文件
下列文件中的条款通过DB3302/T 061的本部分的引用而成为本部分的条款。凡是注日期的引用文件，其随后所有的修改单（不包括勘误的内容）或修订版均不适用于本部分，然而，鼓励根据本部分达成协议的各方研究是否可使用这些文件的最新版本。凡是不注日期的引用文件，其最新版本适用于本部分。

GB 11767 茶树种苗

NY/T 5018 无公害食品 茶叶生产技术规程
3 种苗要求
3.1 适用品种

茶树品种黄金芽

3.2 育苗方法

采用短穗扦插方法进行无性繁育。

3.3 苗木分级

以一足龄苗高、茎粗、侧根数为主要指标,着叶数和侧根长度为参考指标。苗木分为一级、二级,低于二级标准的苗木为不合格苗,不得作为生产性商品苗出圃。

3.4 苗木质量

应符合表1的规定。

表1 茶苗质量要求

级别	苗高 (cm)	茎粗 (mm)	着叶数 (张)	侧根数 (条)	侧根长 (cm)	品种纯度 (％)	检疫性病虫害
一级	≥30	≥3.0	≥8	≥3	≥12	100	不得检出
二级	≥20	≥2.0	≥6	≥2	≥4	100	不得检出

4 扦插育苗

4.1 采穗园

4.1.1 采穗园应是黄金芽等品种原种园或直接从原种园引进种植的品种园;树体生长健壮,无检疫性病虫害。

4.1.2 采穗园肥培水平应高于常规生产茶园,重施基肥,每 667m² (667m²＝1 亩,下同)施菜饼肥 150～250kg 或相应肥力的有机肥,配施相应追肥,同时注意磷钾肥的搭配。

4.1.3 养穗前应深修剪或重修剪,方法因树制宜。修剪时间,夏插用穗在春茶前,秋插用穗在春茶后。

4.1.4 育穗期间,应控制光照强度,防止叶片高度白化,夏插采穗前10 天,如遇白化程度过高,应适度遮阴,促进返绿。

4.2 苗圃

4.2.1 应选择水源充足、地下水位在 1m 以下、排灌便利、土壤结构良好的酸性或微酸性黄红壤山地或水稻田,忌用茶、麻、花生、蔬菜、甘薯等前作地和燃焦、烧炭迹地。

4.2.2 苗床标准:高 15～20cm,宽 110～120cm,畦间沟宽 25～35cm,畦长 20～30m。

4.2.3 苗床地要深翻 20cm 以上,深翻前半个月每 667m² 施 150～250kg 腐熟菜饼肥或相应肥力的商品有机肥。

4.2.4 苗床铺上经过筛分后的红黄泥心土,整平压实后厚度 2～4cm。

4.3 采穗

4.3.1 采穗茎枝应呈棕红色或黄绿色,半木质化,茎粗 2.5～4mm,腋芽饱满、叶片完整、白化程度低、无病虫危害的当年生枝条。

4.3.2 短穗标准:一枚短穗带一张叶片、一个腋芽,穗长 3～4cm。剪口应平滑,剪口斜面与叶面同向,上剪口应在腋芽上端 3～5mm 处;剪穗同时应摘除花蕾。

4.3.3 短穗应随剪随插,不得超过 48h,期间应保湿,避免阳光直晒和风吹。

4.4 短穗扦插

4.4.1 扦插期:分夏插(7—8月)和秋插(9—10月);避免雨天、大风天扦插。

4.4.2 扦插前用细喷雾器湿润床面,床土湿而不沾。

4.4.3 扦插规格为 8～10cm×2～3cm,每 667m² 扦插 20 万枚左右。

4.4.4 扦插宜斜后插,扦插深度以叶柄基部与土面平齐,叶与土面稍离,叶与叶重叠不得超过三分之一。扦插时用手指压实穗基泥土。

4.5 苗圃管理

4.5.1 夏季扦插后,采用中心高度 50cm 小拱棚、遮光率 75％黑色遮阴网或双层遮光率 50％黑色遮阴网遮阴;秋季扦插后,先用厚度 8 丝的薄膜覆盖后,再用遮光率 50％遮阴网遮阴。应随插随覆。

4.5.2 掌握看土供水原则。夏季扦插的,晴天时,扦插初 10 天,每天早晚各喷水 1 次;10～50 天,每天喷水 1 次;50 天后酌情喷水;阴天酌减,雨天及时排水。秋季插后覆膜的,视水分干湿情况,酌情灌水。

4.5.3 夏季扦插后 10～50 天,用 0.1％～0.2％磷酸二氢钾浇施,每 10 天 1 次;50 天后,用 0.2％～0.5％磷酸二氢钾浇施,每 10～15 天 1 次;根系形成后,每半个月用 0.5％尿素浇施。

4.5.4 11 月中旬至次年 3 月底,一律采用中心高度 50cm 小拱棚和厚度 8 丝的薄膜覆盖,上覆 50％遮阴网。

4.5.5 10 月下旬至 11 月中旬覆膜前,应剪除花蕾。

4.5.6 次年 4 月至 8 月,如遇持续晴天,应采取遮阴措施,防止茶苗过度白化。

4.5.7 及时除草和防治病虫害,采用化学防治时选用农药必须符合 NY 5018 规定。苗高在 15cm 以上时,提倡打顶。

4.6 起苗

4.6.1 出圃茶苗应达到 3.1、3.2、3.3 和 3.4 的要求。

4.6.2 干旱天气,起苗前应保持苗床润湿。

4.6.3 起苗应用锄头挖掘,不宜直接用手拔,检数时剔除杂株、病虫株等不合格株。

4.6.4 合格苗以 100 株扎一小捆,5 小捆或 10 小捆为一大捆,散装或箩筐、竹篓等盛装,做到保湿透气,避免重压。

5 试验方法与检验规则

5.1 试验方法

5.1.1 苗高、侧根长度用尺自根颈处测量,精确到 0.1cm;茎粗用游标卡尺等测距根颈 10cm 处的主干直径,精确到 0.1mm。

5.1.2 观察茶苗及包装物是否有检疫性病虫害症状,必要时送检机构检疫。

5.1.3 品种纯度检验按照 GB 11767 规定执行。

5.2 检验规则

5.2.1 组批

以相同自然条件、管理方法进行培育的同一苗圃、同一品种、同一等级、同一天起苗的苗木为一批。

5.2.2 抽样方法

按表 2 的规定进行。

表 2 抽样样本   (单位:株)

苗木总数	样本数
<5000	40
5001~10000	50
10001~50000	100
50001~100000	200
>100001	300

5.2.3 批合格判定

对抽样的样本苗木逐株检验,纯度不合格则判定总体不合格;同一批中有一项主要指标不合格就判为不合格,其他项不合格株数小于 5% 时,判该批为合格。对不合格批可重新分级后按 5.2.2 重新抽样检验判定。

5.2.4 合格证颁发

生产单位对检验合格的种苗,核发合格证书。

5.2.5 质量仲裁

供需双方对种苗质量存异议时,由法定质量检验机构进行仲裁。严禁不合格种苗或低一级苗作高一级苗出场(圃)销售。

6 标志、标签、运输、贮存

6.1 标志、标签

每批苗木应挂有标签(可与合格证合二为一),标明苗木品种、等级、数量、批号、生产单位名称、出场(圃)日期、执行标准编号,并附检疫证书。

6.2 运输

苗木装车时,不能堆压过紧,堆放过高。装车后及时启运,并有防风、防晒、防淋措施。

6.3 贮存

起苗后的苗木,应防止风吹、日晒、雨淋。贮存日期一般不得超过 3 天。

第 2 部分 栽培

1 范围

本部分规定了黄金芽茶的园地建设、树冠培育、光照管理、土壤管理、灾害防治、鲜叶采摘等技术要求。

本部分适用于黄金芽生产茶园建设、栽培管理和鲜叶采摘。

2 规范性引用文件

下列文件中的条款通过 DB3302/T 061 的本部分引用而成为本部分的条款。凡是注日期的引用文件,其随后所有的修改单(不包括勘误的内容)或修订版均不适用于本部分,然而,鼓励根据本部分达成协议的各方研究是否可使用这些文件的最新版本。凡是不注日期的引用文件,其最新版本适用于本部分。

NY/T 5018 无公害食品 茶叶生产技术规程

NY 5020 无公害食品 茶叶产地环境条件

NY/T 227 微生物肥料

DB3302/T 001.2 名优绿茶

3 园地建设

3.1 立地条件

3.1.1 园区应选择生态环境优越、背靠西南、年光照量相对较少、交通相对便利的山地谷地。

3.1.2 白茶园地应选择坡度 25°以下、土层深 80cm 以上、地下水位 100cm 以下、pH 为 4.5～6.5、有机质含量大于 1.5％的地段。禁止在坡度 25°以上的山地开垦茶园。

3.1.3 产地环境条件应符合 NY 5020 规定的技术要求。

3.2 园区设计

3.2.1 茶园应设计主道、支道、园道。主道路面宽应不小于 400cm,支道路面宽应不小于 250cm,园道路面宽应不小于 150cm。

3.2.3 茶园四周应设置隔离沟,沟底宽 30cm、深 50cm 以上;每隔 10～14 茶行设置横水沟,主道、支道内侧设置护路沟,沟深在 50cm 以上。山坡凹处,茶行横断处设纵水沟,沟底宽 20cm、深 30cm 以上;各水沟出口处设置 1m³ 见方的水池,每 1.5~2hm² 设置一个。

3.2.4　茶园隔离沟外侧,主道、支道两旁,园道一旁均应植树。树种应选择茶树共生病虫少、密枝窄幅的适宜常绿树种,树行与茶行的最近距离应不小于 150cm。

3.3　茶行布局

茶行按等高线布置,长度为 30~40m。坡度 15°以下直接开垦,单行水平宽度 120~150cm;坡度 15°以上筑梯地,梯地的梯面宽不应小于 200cm,距内侧 10cm 处布置第一行茶树,每增加 1 行茶树,梯面增宽 120~150cm。

3.4　园地开垦

3.4.1　园地应全面深垦。荒山分初垦和复垦二次进行,初垦深 40cm,清除树根、草根、石块等杂物,复垦深 30cm,筑出茶行;熟地在清除前作物后深垦一次即可。

3.4.2　种植前一个月,按茶行开种植沟,深 30cm,宽 60cm,沟内施足底肥,每 667m² 施饼肥 250kg,磷肥 50kg,施入与土拌匀后覆土 10cm。

3.5　茶苗定植

3.5.1　定植时间

春季定植在 2 月中旬至 3 月上旬;秋季定植在 10 上旬至 11 月下旬。

3.5.2　定植密度

推行双条种植。种植的规格为:大行距 130~150cm,小行距 30cm,每丛 1~2 株。

3.5.3　种植方法

3.5.3.1　定植沟深度为 15~20cm。

3.5.3.2　栽植时,使茶苗根系自然舒展后,逐层填土,层层压实,将土壤覆盖至不露须根后浇足"定根水",再覆土 5cm,要求覆土部位稍低于地面,茶苗入土至少 10cm。

3.5.3.3　定植后及时铺草覆盖,防旱保苗。覆盖材料可用茅草、稻草、秸秆等,每 667m² 用量 750kg。

3.5.3.4　栽后定期检查成活情况,发现缺株,适时补齐。

4　树冠培育

4.1　立体采摘茶园

4.1.1　定型修剪

新种植茶园,第一次在茶苗移栽定植时进行;第二次在栽后第二年春茶采摘结束后进行;第三次在定植后第二年 7 月上中旬进行。修剪高度分别为离地 15cm、25~30cm、35~40cm。第三年起春茶采摘结束后,每年进行一次树冠修剪,在上年剪口提高 5cm 左右处剪去枝梢。当剪口高度超过

80cm 时,回剪到第二次定剪口。

4.1.2 控梢剪

第三年起在每年 6、7 月间进行一次修剪,高度在春后剪口上 8～10cm 处或剪去突生枝。

4.1.3 蓄梢养冠

除春茶留鱼叶采外,其余各季均蓄而不采。

4.2 平面采摘茶园

4.2.1 定型修剪

新种植茶园,第一次在茶苗移栽定植时进行;第二次在栽后第二年春茶采摘结束后进行;第三次在定植后第二年 7 月上中旬进行。修剪高度分别为离地 15cm、25～30cm、35～40cm。

4.2.2 轻修剪

对象是采摘夏秋茶的成龄茶园,每年进行 1 次,时间宜在春茶采后或 10 月中下旬进行。用修剪机或篱剪剪去冠面 3cm～5cm 的枝叶。

4.2.3 深修剪

茶树形成"鸡爪枝"层时,春茶后及时剪去冠面 15～20cm 的枝叶。

4.2.4 重修剪

树势衰老、骨干枝仍较健壮的茶园在春茶提早结束后(5 月中下旬),离地 35～40cm 处剪去上部枝梢。

4.2.5 台刈

早春或春茶后用锋利工具,在离地 20cm 处,刈去骨干枝衰老茶园的衰老冠层。

4.2.6 养冠、开采

新茶园完成第三次定型修剪后当年各季均蓄而不采;第三年春茶起实行常规采摘。重修剪、台刈的茶园当年 7、8 月间在改造修剪口上提高 10～15cm 进行定剪,到 10 月中旬进行一次轻修剪或留蓄养梢。

5 光照管理

5.1 适宜光照强度

种植第一年全年生长季节、第二年夏秋季节,最大光照强度控制在 5 万 lx 以下;第三年后控制在 6 万 lx 以下,即遮阴率分别控制在 50％～60％、30％～50％。

5.2 遮阴覆盖

3 龄以下茶园采用遮阴率 50％～70％的黑色遮阴网、中心高度 70cm 的小拱棚覆盖;也可采用其他合适材料或植物来遮阴。

6 土壤管理

6.1 中耕除草

在春茶前、夏茶前和 7 月上旬至 9 月上旬进行,深度 5～10cm。

6.2 土壤深翻

每年 9 月下旬—11 月进行深翻,提早进行为好,翻耕深度为 15
～20cm。

6.3 茶园施肥

6.3.1 适用肥料

饼肥、堆肥、家畜粪尿、厩肥等适宜的农家肥料;氮、磷、钾等各种大量元
素化肥、复合肥及各种适用微量元素肥料;茶叶专用肥、商品有机肥、微生物
肥等其他商品肥。

6.3.2 施肥原则

重施有机肥,少施无机肥;禁止含有毒、有害物质的垃圾和人粪尿作为
有机肥,提倡绿肥、秸秆、茶枝等覆盖茶园土壤;农家有机肥料施用前须经无
害化处理,有机肥料中污染物质含量应符合 NY 5018 规定;微生物肥料应
符合 NY/T 227 要求。

6.3.3 施肥标准

重施有机肥、补施接力肥,氮磷钾肥比为 3∶1∶1;每 667m² 施标氮 20
～30kg。

6.3.4 施肥方法

基肥,春茶结束后或秋后开沟深施,深 15～20cm,施后覆土;每 667m²
施饼肥 200～250kg 或相应肥力的其他有机肥料。春后施基肥的,翌年春
前施催芽肥;秋后施基肥的,翌年春后 5 月下旬施接力肥;每 667m² 施相当
于标氮 10～15kg 的尿素或复合肥。

6.4 水分管理

修筑排灌沟渠,清理低洼积水,调节水分供求。有条件的地方建立干旱
湿涝防御系统。

7 灾害防治

7.1 热害防治

高温、干旱季节到来前,进行茶行铺草、遮阴覆盖等,或采取间作套种等
措施。

7.2 冻害防护

冻害来临之前,做好园地培土、铺草或采用薄膜大棚覆盖;冻害发生后,
及时剪除受冻枝梢;春季萌芽后受冻茶树,还应进行根外追肥。

7.3 病虫害防治

按照 DB3302/T 001.2 规定执行。

8 鲜叶采摘

8.1 鲜叶标准

嫩度为一芽一叶初展、一芽一叶开展或一芽二叶初展。

8.2 开采适期

茶园中 5‰茶芽达到鲜叶采摘标准时为开采适期。

8.3 采摘方法

及时分批按标准采,同批芽叶长短大小应匀齐一致。采时以双指捏芽叶使其弯曲、自然断裂为准。杜绝掐、捋、抓等不正确采法;不采残、破、碎、虫、冻伤叶和无芽叶。

8.4 鲜叶盛放

鲜叶宜用清洁卫生、透气良好的细孔竹篓、塑料篓盛放,不得用编织袋或密闭的塑料袋等软包装材料,不得挤压,避免阳光直射,采后及早运往加工厂。

第 3 部分   加工

1 范围

本部分规定了黄金芽茶的加工厂、加工工艺、操作要领等技术要求。

本部分适用于黄金芽茶的加工。

2 规范性引用文件

下列文件中的条款通过 DB3302/T 061 的本部分引用而成为本部分的条款。凡是注日期的引用文件,其随后所有的修改单(不包括勘误的内容)或修订版均不适用于本部分,然而,鼓励根据本部分达成协议的各方研究是否可使用这些文件的最新版本。凡是不注日期的引用文件,其最新版本适用于本部分。

DB33/T 627   茶叶生产企业场所及设备条件

DB3302/T 001   名优绿茶

中华人民共和国食品卫生法   全国人民代表大会常务委员会(1995 年 10 月 30 日)

3 加工厂要求

3.1 加工厂及设备条件

加工厂及设备条件应遵从 DB33/T 267-2007 和《中华人民共和国食品卫生法》第八条的要求。

3.2 加工人员要求

3.2.1 加工人员在制茶前必须全面了解机械性能、安全与卫生知识和

213

加工技术。

3.2.2 加工人员上岗前和每年度均进行健康检查,取得健康证明后方能上岗。

4 加工工艺

4.1 条形茶工艺流程

4.1.1 工艺流程

鲜叶摊放—杀青—摊凉—揉捻—初烘—回潮—理条—摊凉—烘焙—筛分。

4.1.2 设备配置与工艺技术参数

设备配置和技术参数见表 3。

表 3 条形茶设备配置与工艺技术参数

工艺	设备	温度	投叶量	时间	程度
摊放	竹匾簟,不锈钢丝网	常温	厚度不超过 3cm	4～12 小时	叶质软、色失鲜、香显
杀青	滚筒杀青机	250～280℃	20～60kg/（台·小时）	100～120 秒	折茎不断、芽叶紧抱、茶香现
摊凉	竹匾簟,不锈钢丝网	常温	厚度<2cm	10～60 分钟	质软
揉捻	30、45 型揉捻机	常温	筒体 80%满	5～10 分钟	茶条卷紧、完整无碎
初烘	烘焙机	130～140℃	厚度<2cm	5～8 分钟	表面干燥
回潮	竹匾簟,不锈钢丝网	常温	厚度 2～4cm	1～2 小时	叶质柔软
理条	理条机	130～150℃	每槽 0.15kg	5～6 分钟	条直、质硬、触手感
摊凉	竹匾簟,不锈钢丝网	常温	厚度<2cm	10～60 分钟	稍有回软感
烘焙	烘焙机	110～140℃	厚度<2cm	5～8 分钟	手捻成粉、茶香毕显

4.2 蟠曲茶工艺流程

4.2.1 工艺流程

鲜叶摊放—杀青—摊凉—揉捻—初烘—小锅—回潮—并锅—烘焙—筛分。

4.2.2 设备配置与工艺技术参数

设备配置和工艺技术参数见表 4。

表4 设备配置与工艺技术参数

工艺	设备	温度	投叶量	时间	程度
摊放	竹匾簟、不锈钢丝网	常温	厚度不超过3cm	4～12小时	叶质软,色失鲜,清香显
杀青	滚筒杀青机	250～280℃	20～60kg/(台·小时)	100～120秒	折茎不断,芽叶紧抱,茶香现
摊凉	竹匾簟、不锈钢丝网	常温	厚度<2cm	45分钟	质回软
揉捻	30、45型揉捻机	常温	筒体80%满	20～30分钟	茶条卷曲、完整无碎
初烘	烘焙机	130～140℃	厚度<2cm	5～8分钟	表面干燥
小锅	双锅曲毫机	110～120℃	2.0kg	10～15分钟	初步蟠曲、稍触手感
回潮	竹匾簟、不锈钢丝网	常温	厚度2～4cm	1～2小时	叶质柔软手捻不碎
并锅	双锅曲毫机	100～110℃	2.5kg	10～15分钟	蟠曲成形、八九成干
烘焙	烘焙机	110～140℃	厚度<2cm	5～8分钟	手捻成粉、茶香毕显

5 技术要领

5.1 鲜叶摊放

5.1.1 鲜叶到茶厂后,应及时摊在专用摊青框内,按序排于摊青架上,置于摊青室内。做到晴天叶与雨水叶分开,上午采鲜叶与下午采鲜叶分开,不同级别鲜叶分开。

5.1.2 鲜叶摊放厚度不超过3cm;雨水叶、露水叶适当薄摊。一般摊放4～12小时,中途每隔2小时轻翻一次,雨水叶、露水叶应先去除表面水再摊放。

5.1.3 摊青程度:叶质变软,叶色光泽失润,特有清香显露即可付制。

5.2 杀青

5.2.1 滚筒杀青机使用应掌握温度、进叶量和速度(筒体斜度)三者的合理与协调。

5.2.2 杀青叶要求叶表干燥、折茎不断,叶尖、叶齿微爆,芽叶紧抱勾曲,叶质稍硬,色绿明,特殊香气显露。

5.3 摊凉

出筒的杀青叶迅速薄摊于通透的工具上,尽快散失余热,至茶叶转软为度。

5.4 回潮

散失余热的茶叶摊至合适厚度,促使芽叶内部水分转移到表面而回软。中途视回潮程度进行翻叶、加盖等技术调整,时间宜为1～2小时。

5.5 揉捻

应把握轻揉、适时、渐进原则,加压轻～重～轻结合,使芽叶尽量卷曲、完整不碎。

5.6 初烘

应掌握适度高温、快速干燥的原则,以去除表面水分为主要目的。手触表面干燥,质稍硬感为度。

5.7 理条

应把握投叶量、锅温和合理的干燥程度。初次理条不宜太干,再次理条要求完全成形。

5.8 小锅、并锅

应把握好投叶量、温度,调节好炒板幅度,尽量缩短炒制时间。并锅投叶量为两小锅出叶量。

5.9 烘焙

温度宜先控制低限温度烘焙,中途轻轻翻叶,谨防底层叶爆焦,临足干时快速提高温度至上限,直至足干、茶香毕现。

5.10 筛分

完全冷却后用号筛轻轻割去茶末,归堆、贮存、包装。

第4部分 商品茶

1 范围

本部分规定了黄金芽茶的定义和术语、质量要求、试验方法、检验规则、标志、标签、包装、储藏、运输等技术要求。

本部分适用于黄金芽茶的商品茶。

2 规范性引用文件

下列文件中的条款通过 DB3302/T 061 的本部分引用而成为本部分的条款。凡是注日期的引用文件,其随后所有的修改单(不包括勘误的内容)或修订版均不适用于本部分,然而,鼓励根据本部分达成协议的各方研究是否可使用这些文件的最新版本。凡是不注日期的引用文件,其最新版本适用于本部分。

GB/T 191 包装储运图示标志

GB 2762 食品中污染物限量

GB 2763 食品中农药最大残留限量

GB/T 4789.3 食品卫生微生物学检验 大肠菌群测定

GB/T 5009.20 食品中有机磷农药残留量的测定方法

GB/T5009.146 植物性食品中有机氯和拟除虫菊酯类农药多种残留

的测定

GB 7718　预包装食品标签通则

GB/T 8302　茶　取样

GB/T 8303　茶　磨碎试样的制备及其干物质含量测定

GB/T 8304　茶　水分测定

GB/T 8305　茶　水浸出物测定

GB/T 8306　茶　总灰分测定

GB/T 8310　茶　粗纤维测定

GB/T 8311　茶　粉末和碎茶含量测定

GB 11680　食品包装用原纸卫生标准

GB/T 14456.1　绿茶　第1部分:基本要求

GB/T 14487　茶叶感官审评术语

NY/T 787　茶叶感官审评通用方法

NY 5244　无公害食品　茶叶

JJF 1070-2005　定量包装商品净含量计量检验规则

中华人民共和国农药管理条例　国务院令第216号

定量包装商品计量监督管理办法　国家质量监督检验检疫总局(2005)第75号令

3　定义和术语

下列术语和定义适合本部分

3.1　金色

或称金黄色,是黄金芽茶干茶呈明亮黄色的感官评语。

3.2　玉黄

是黄金芽茶叶底呈明亮乳黄色的感官评语。

4　质量要求

4.1　基本要求

4.1.1　不得含有非黄金芽茶树品种采制的茶叶。

4.1.2　黄金芽茶品质基本要求应符合GB/T 14456.1绿茶第1部分的规定,品质正常,无异味、无劣变。不得含有非茶类夹杂物,不着色,无任何添加剂。

4.1.3　标准实物样每两年更换一次。实物样制作和使用方法见附录A。

4.2　产品等级

4.2.1　产品分为条形茶和蟠曲形茶等二套样,各设两个等级:24K、18K。

4.2.2 感官品质

感官品质应符合表5的要求。

表5 感官品质

项目		条形茶		蟠曲形茶	
		24K	18K	24k	18K
外形	条索	紧、直	细、直	抱折钩月	卷曲如螺
	整碎	匀整	匀整	匀整	匀整
	净度	匀净	匀净	匀净	匀净
	色泽	明绿泛金色或金色悦目	泛金隐绿,亮泽悦目	明绿镶金色或金色悦目	泛金显绿,亮泽悦目
内质	香气	香高郁持久	香高尚郁,持久	香高郁持久	香高尚郁,持久
	汤色	黄、柔亮	黄、明亮	黄、柔亮	黄、明亮
	滋味	醇鲜、回甘	醇鲜、尚回甘	醇鲜、回甘	醇鲜、尚回甘
	叶底	玉黄、细嫩成朵明亮	玉黄、细匀成朵明亮	玉黄、细嫩成朵明亮	玉黄、细匀成朵明亮

4.3 理化指标

理化指标应符合表6的规定。

表6 理化指标

项目	指标
水分含量,%	≤7.0
水浸出物含量,%	≥34.0
碎末茶含量,%	≤5.0
总灰分,%	≤7.0
粗纤维含量,%	≤14.0

4.4 安全指标

安全指标应符合表7的规定。

表7 安全指标

项目	指标	引用标准
铅(以 Pb 计),mg/kg	≤5.0	GB 2762
稀土,mg/kg	≤2.0	GB 2762
乙酰甲胺磷,mg/kg	0.1	GB 2763
六六六,mg/kg	0.2	GB 2763
滴滴涕,mg/kg	0.2	GB 2763
顺式氰戊菊酯,mg/kg	2	GB 2763
杀螟硫磷,mg/kg	0.5	GB 2763

项目	指标	引用标准
氟氰戊菊酯,mg/kg	20	GB 2763
氯菊酯,mg/kg	20	GB 2763
联苯菊酯,mg/kg	≤5.0	NY 5244
氯氰菊酯,mg/kg	≤0.5	NY 5244
溴氰菊酯,mg/kg	≤5.0	NY 5244
乐果,mg/kg	≤0.1	NY 5244
敌敌畏,mg/kg	≤0.1	NY 5244
喹硫磷,mg/kg	≤0.2	NY 5244
大肠菌群,个/100g	≤300	NY 5244

注:1. 根据《中华人民共和国农药管理条例》,剧毒和高毒农药不得在茶叶生产中使用。
　　2. 检验项目可以根据产品质量安全状况和监督抽检工作需要调整。

4.5 净含量偏差

净含量偏差应符合表 8 的要求。

表 8　净含量偏差

净含量	负偏差	
	占净含量的百分比(%)	质量(g)
5～50g	9	—
50～100g	—	4.5
100～200g	4.5	—
200～300g	—	9
300～500g	3	—
500～1000g	—	15
1～10kg	1.5	—
10～15kg	—	150
15～25kg	1.0	—

5　试验方法

5.1　取样

按照 GB/T 8302 的规定执行。

5.2　感官品质检验方法

对照标准实物样,按 GB/T 14487 和 NY/T 787 进行感官品评。

5.3　磨碎试样的制备及其干物质含量测定方法

按照 GB/T 8303 规定进行测定。

5.4　理化指标检验方法

5.4.1　水分

按照 GB/T 8304 的规定进行测定。

5.4.2　水浸出物

按照 GB/T 8305 的规定进行测定。

5.4.3　总灰分

按照 GB/T 8306 的规定进行测定。

5.4.4　粗纤维

按照 GB/T 8310 的规定进行测定。

5.4.5　碎末茶

按照 GB/T 8311 的规定进行测定。

5.5　卫生指标检验方法

5.5.1　铅

按照 GB 2762 规定进行测定。

5.5.2　联苯菊酯、氯氰菊酯和溴氰菊酯

按照 GB/T 5009.146 规定进行测定。

5.5.3　乐果、敌敌畏、杀螟硫磷和喹硫磷

按照 GB/T 5009.20 规定进行测定。

5.5.4　大肠菌群

按照 GB/T 4789.3 规定进行测定。

5.5.5　其他农药残留

按照 GB 2763 规定进行测定。

5.6　净含量检测

按照 JJF 1070 规定和国家质量检验检疫总局第 75 号令进行测定。

6　检验规则

6.1　以同期加工、同一品种、同一规格、同一生产厂家生产的茶叶为一批。

6.2　产品以批为单位,同批同级产品的品质应一致。

6.3　产品须按本部分规定进行检验,检验合格后方可销售。

6.4　产品检验分交收检验和型式检验,其对应项目见表 9 的规定。

表 9　检验项目

项目名称	要求	试验方法	交收检验	型式检验
感官品质特征	参见本部分条款 4.2	参见本部分条款 5.2		
水分含量		参见本部分条款 5.4.1	√	
碎末茶含量		参见本部分条款 5.4.5		
总灰分	参见本部分条款 4.3	参见本部分条款 5.4.3		√
粗纤维含量		参见本部分条款 5.4.4	—	
水浸出物含量		参见本部分条款 5.4.2		
卫生指标	参见本部分条款 4.4	参见本部分条款 5.5		
净含量	参见本部分条款 4.5	参见本部分条款 5.6	√	

注:"√"表示该项应检验,"一"表示该项可以不检验。

6.5　型式检验

有下列情况之一时,一般应进行型式检验:

a)　标准实物样重新制作时;

b)　工艺或鲜叶原料产地有重大变更时;

c)　正常生产时,每一年应进行两次型式检验;

d)　国家质量监督部门要求时;

e)　出厂检验项目结果与上次型式检验结果差异较大时。

6.6　判定规则

6.6.1　交收检验项目中感官品质、水分、碎末茶含量和净含量偏差,有一项不合格,可在同一批产品中加倍取样复验,复验后仍不合格,则判该批为不合格产品。

6.6.2　型式检验时,技术要求规定的各项检验中,如有一项不符合技术要求的产品,均判为不合格产品。

6.6.3　供需双方对产品质量有异议时,可由双方协商或由法定质量检验机构检验后进行仲裁。

7　标志、标签

标志要醒目、整齐、规范、清晰、持久,产品的包装标签必须按照 GB 7718 规定执行。

8　包装、贮藏、运输

8.1　包装

包装必须符合牢固、整洁、防潮、美观的要求。包装上的印刷油墨或标签、封签中使用的黏合剂、印油、墨水等均须无毒。包装用纸应符合 GB 11680 的要求。

8.2　贮藏

场地和容器要干燥、清洁、避光、防潮,无污染源;入库标志要清晰,不得与其他物品混放。建议采用温度 1～7℃冷藏。

8.3　运输

运输工具必须清洁卫生、干燥、无异味。严禁与有毒、有害、有异味、易污染的物品混装、混运。包装储运图示标志必须符合 GB 191 的规定。

主要参考文献

[1] 陈祖槼,朱自振.中国茶叶历史资料选辑.北京:农业出版社,1981.

[2] 陈椽.茶业通史.北京:农业出版社,1984.

[3] 龚淑英,屠幼英.品茶与养生.北京:中国林业出版社,2002.

[4] 王开荣.珍稀白茶.北京:中国文史出版社,2005.

[5] 王开荣,陈洋珠,林伟平.茶叶优质高效生产技术.宁波:宁波出版社,2002.

[6] 王开荣,吴颖,梁月荣,等.低温敏感型白化茶.杭州:浙江大学出版社,2013.

[7] [日]乌屋尾忠之.白叶茶特性遗传分析.茶业技术研究,1979.

[8] 李素方,成浩,虞富莲.安吉白茶阶段性返白过程中氨基酸的变化[J].茶叶科学,1996,16(2):153-154.

[9] 李素方,陈明,虞富莲.茶树阶段性返白现象的研究——RUBP羧化酶与蛋白酶的变化.中国农业科学,1999,32(3):33-38.

[10] 成浩,陈明.茶叶阶段性返白过程中色素蛋白复合体的变化.植物生理学通讯,2000,36(4):300-304.

[11] 陆建良,梁月荣.安吉白茶阶段性返白过程中的生理生化变化.浙江农业大学学报,1999,25(3):245-247.

[12] 陈亮.15个茶树品种遗传多样性的RAPD分析.茶叶科学,1998,18(1):21-27.

[13] 石梁.天台山白茶.茶叶,1995,3:34.

[14] 王建林,何卫中,潘正贤,等.景宁白茶种质资源调查与育种.茶叶,2004,3:167-169.

[15] 郭雅敏.安吉白茶的性状与发展前景.茶叶,1997,23(4):23-24.

[16] 林盛有.安吉白茶栽培与加工技术之研究.茶叶,1998,24(3):163.

[17] 赖建红.安吉白茶放异彩.茶叶,2005,31(1):11.

[18] 王开荣.茶树园林应用刍议.中国茶叶,1993,6:34-35.

[19] 王开荣.茶树短穗扦插快速育苗新技术.中国茶叶,1993,85:11-12.

[20] 王开荣.季周期树冠培养技术及其效应.中国茶叶,1998,114:6-8.

[21] 王开荣.白茶种质资源利用刍议.茶叶,2003,4:217-219.

[22] 王开荣,陈洋珠,林伟平,等.立体采摘茶园技术要素组成.浙江农业科学,2005,274:26-29.[23] 王开荣,李明,林伟平,等.白化茶树特异性RAPD分子标记研究.浙江农业科学,2007,1:50-55.

[24] 王开荣,林伟平,方乾勇,等.白茶新品种千年雪选育研究报告.中国茶叶,2007,29(2):24-26.

[25] 王开荣,李明,梁月荣,等.黄色茶树新品种黄金芽选育研究. 中国茶叶,2008,30(4):21-23.

[26] 王开荣,梁月荣,张龙杰,等.白化茶种质资源分类及特性.中国茶叶,2008,30(8):9-11.

[27] 陆晓友,王开荣,张龙杰,等.白化茶短穗扦插育苗技术.中国茶叶,2008,30(9):10-11.

[28] 王开荣,李明,王荣芬,等.光照敏感型白化茶栽培与加工技术.中国茶叶,2008,30(11):16-17.

[29] 王开荣,杜颖颖,邵淑宏,等. Development of specific RAPD markers for identifying albino tea cltivars Qiannianxue and Xiaoxueya. African Journal of Biotechnology,2011,9(4): 434-437.

[30] 杜颖颖,梁月荣,王开荣,等. A study on the chemical composition of albino tea cultivars. Journal of Horticultural Science and Biotechnology, 2006, 81(5):809-812.

[31] 王开荣, 李娜娜, 杜颖颖, 等. Effect of sunlight shielding on leaf structure and amino acids concentration of light sensitive albino tea plant. African Journal of Biotechnology, 2013, 9: 5535-5539.

[32] 王开荣,李娜娜,陆建良,等.遮阴对茶树品种"黄金芽"叶片基因表达谱的影响.茶叶,2012,38(2):229-232.

[33] 王秋霜,赵超艺,凌彩金,等.国内外茶树花研究进展概述.广东农业科学,2009(7):35-38.

[34] 王开荣,李明,梁月荣,等.黄色白化茶树新品种"御金香"选育研究.中国茶叶,2013,35(6):24-25.

[35] 陈宗懋.茶多酚类化合物抗癌的生物化学和分子生物学基础.茶叶科学,2003,23(2):83-93.

索　引

（以拼音字母为序）

跋

（一）

凡灵秀之地，或山高水长，风景奇丽，或人文卓著，风物长宜，总有一绝著称。

古村上王，隶属余姚，界于甬、浒、姚等三城之交、姚江北岸支流金川源头。其地广不过千余亩，山高不过六百丈，水长也仅四五里，弹丸之地，仅居百户人家。自祖上从山西太原迁徙至此四百余年间，历无仙踪龙痕可觅，然因灵秀自在，风物杰出，而为独步天下之所。

其村三面环山，坐北面南，背西依万丈岗，东有大、小两岙溪水自青龙山两侧而出，绕至村前与南来支溪汇成金川西去，今成大池墩水库所在，隔水有南山为屏。所谓青龙白虎相守、青山玉屏为照，风水至胜无出其右。

二百年前，一个叫老鹰尖的山坡上有一棵杨梅树，果色特别紫黑，味道特别甜美。族人馈赠到远在上海的亲戚，晚辈不知为何物，误呼其为"荸荠"。而后，"荸荠"种杨梅广为传播，成为当今名闻遐迩的中国杨梅第一品。

二十年前，该村茶园中一棵普通茶树的一个芽梢产生了自然变异，这个叶色呈黄色的芽梢使得一千二百年前唐朝诗人卢仝赞颂的"黄金芽"成为现实。如今"黄金芽"成为业界最为热门的黄色白化茶良种，传播到除西藏、台湾、海南以外的我国广大茶区，掀起黄色白化茶发展热潮。

（二）

自黄金芽诞生以来，当地茶园中又陆续发现"御金香"、"千年雪"等自然变异的白化茶。如今，这里的白化茶种质资源变得异常丰富多彩，堪为中国白化茶开发的摇篮。

228

黄金芽,三季新梢和茶园景色全年呈金黄色泽,极为靓丽夺目;采制的茶品色泽"三黄",即干茶亮黄、汤色嫩黄、叶底明黄,香气郁甜而幽长,滋味柔醇而甘鲜,沁人心脾,夺"百茶仰止、黄金独尊"的神韵。

后来居上的御金香树形高大强盛,抗逆杰出,适制绿、红、黄、青等茶类,适合全国范围栽培,更兼有茶花高产、茶果高产、茶蔬食材、园林绿化应用价值,为当今最有前景的黄色白化茶新品种。

而今,这里拥有黄色系、白色系、复色系等三大色系的白化茶以及紫黑、紫红、橙红等色系的红色茶种质近百种,资源的新颖性、独特性和美观性前所未有,对于产业发展有着极为重要的意义。

(三)

感谢各级政府、科技与产业主管部门的大力支持,特别是宁波市科技局的高度重视! 近十余年间,我们先后承担了 10 个白化茶方面的研究课题,其中包括国家科技支撑计划、星火计划、重大科技攻关项目、自然科学基金项目等,这在全国是极为罕见的政策优势。正是由于这样良好的政策环境,使得白化茶种质资源系统开发与研究在广度、深度和高度上不断取得进步,并为产业发展寻求了种质支持和技术支撑。

本书作为《低温敏感型白化茶》的姐妹篇,我们衷心希望本书能为我国黄色白化茶产业提供些许有益帮助。由于白化茶研究涉及内容众多,时间仓促,作者水平有限,因此本书难免存在着许多不足之处,敬请读者能及时予以指正为感! 为了更好地交流,联系邮箱是 393766958@qq.com,电话: 13957827825,谢谢。